수학
수식
미술관

수학 수식 미술관

ⓒ 지브레인 과학기획팀 · 박구연, 2018

초판 1쇄 발행일 2018년 8월 2일
초판 2쇄 발행일 2018년 12월 20일

기획 지브레인 과학기획팀 지은이 박구연
펴낸이 김지영 펴낸곳 지브레인^{Gbrain}
편집 김현주
마케팅 조명구 제작 · 관리 김동영

출판등록 2001년 7월 3일 제2005-000022호
주소 04021 서울시 마포구 월드컵로7길 88 2층
전화 (02)2648-7224 팩스 (02)2654-7696

ISBN 978-89-5979-565-9 (03410)

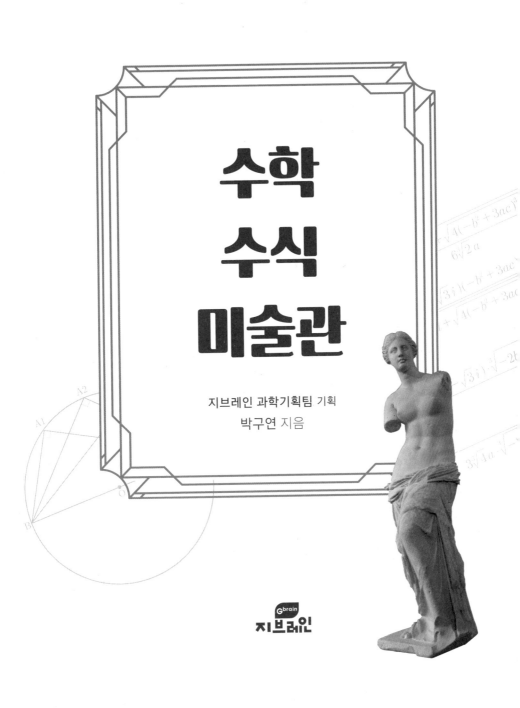

수학
수식
미술관

지브레인 과학기획팀 기획

박구연 지음

지브레인

작가의 말

　여러분은 해바라기씨의 규칙적인 배열이나 문득 올려다본 구름 또
는 지는 해를 보며 감탄한 경험이 있을 것이다. 하얗게 쌓인 눈의 세
상이나 반짝거리는 나뭇잎, 무리 지어가는 새들을 보며 자연의 아름
다움과 숭고함에 탄성을 질렀을 수도 있다.

　수학 공식도 마찬가지다. 수학 공식은 수학을 하기 위한 도구적 언
어이면서도 어린아이가 신중하게 내딛는 한발한발의 걸음처럼 수학
에 대한 접근을 수월하게 해주는 중요한 도구이다. 또한 그 안에 숨
은 규칙에서 아름다움도 느낄 수 있으며 수학의 세계로 빠져들게 하
는 흥미의 소용돌이가 될 수도 있다.

　이 책에 소개한 50개의 수학 공식은 우리의 삶에 크게 영향을 주었
으며 여전히 실생활에서 필요한 것들이다. 어떤 공식은 사회와 과학
에 크게 기여했고, 수학자들의 깊은 고민이 업적으로 발전해 수학계
를 성장시킨 것도 있다. 그리고 4차 산업에 중요하게 쓰이거나 당장
필요한 공식도 있다.

　세상에 크게 알려진 공식도 있지만 다른 수학 분야의 발전이나 사
회과학에 이바지한 작은 공식들도 있다. 나름 고심해 모은 공식인 만

큼 여러분이 어딘가에서 누군가와 또는 어떤 상황에서 '아 그게 이거구나!'란 생각을 할 수 있도록 조금 더 수학에 용이하게 접근할 수 있는 발판이 되길 바라며 소개해봤다. 수학자들의 업적과 삶 그리고 수식을 이해할 수 있도록 증명이나 원리 개념도 설명해두었다.

그림을 그리기 위해서는 필요한 소재들이 있다. 그 소재 하나하나를 공식이라 했을 때 채우면 채울수록 완성된 작품은 수학이라는 큰 형태를 가지게 될 것이다.

'여기서 잠깐'이라는 코너 속에는 교양사적인 수학 지식과 퀴즈들을 추가하여 즐거움을 느낄 수 있도록 했다. 4색 문제는 직접 풀어볼 수 있으니 천재 수학자가 되어 보자.

수학 공식은 여러분에게 징검다리가 되어 더 넓은 세상을 보여줄지도 모른다. 거인의 어깨에 서서 세상을 본다는 어느 수학자의 말처럼 당신도 거인들이 전하는 수학 공식을 굴려 커다란 눈사람을 만들어 보길 바란다.

2018년 7월 박구연

CONTENTS

피타고라스의 정리

직각삼각형에서 직각을 끼고 있는

두 변을 a, b로 하고,

다른 한변을 c로 할 때 다음 성질이 성립한다.

$$a^2 + b^2 = c^2$$

수는 만물의 근원이다.

피타고라스

우리가 현재 안전한 건물에서 편안하게 생활할 수 있는 것은 피타고라스의 정리 덕분이다.

실측이 불가능한 토지, 교각 건설, 항공기 이착륙에도 피타고라스의 정리가 이용된다.

피타고라스의 정리는 도형 분야에서는 필수이며 수학 전 분야에 걸쳐 다양하게 쓰이고 있기 때문에 수학

피타고라스

을 포기한 사람이라고 해도 기본 공식만은 알고 있을 것이다.

그리고 그 중요성만큼이나 400여 가지가 넘는 증명 방법이 있을 정도로 수학자들의 사랑을 받는 공식이다.

피타고라스는 기원전 6세기경에 활약한 그리스의 학자로, 특히 직각삼각형 연구에 몰두했다. 그리고 가장 대표적인 것이 바로 피타고라스의 정리였다.

피타고라스의 정리는 페르마의 마지막 정리와 삼각 함수의 공식에 많은 영향을 주었다.

피타고라스의 정리를 증명하는 수많은 방법 중 가장 많이 알려진 증명은 다음과 같다.

밑변의 길이를 a, 높이를 b, 빗변을 c로 했을 때 다음 단계의 과정을 거쳐 피타고라스의 정리가 증명된다.

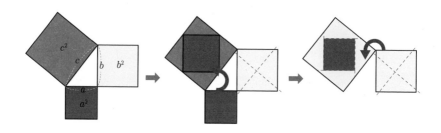

빨간색과 노란색의 정사각형을 파란 정사각형 안에 넣었더니 딱 들어맞았다. 그렇다면 빨간 정사각형의 넓이+노란 정사각형의 넓이=파란 정사각형의 넓이가 된다. 빨간 정사각형의 넓이는 a^2, 노란 정사각형의 넓이는 b^2이며 파란 정사각형의 넓이는 c^2이므로 $a^2+b^2=c^2$이 성립한다.

삼각형에서 두 변과 다른 한 변이 $a^2+b^2=c^2$이 성립하면 그 삼각형은 직각삼각형이라는 피타고라스의 정리는 그 역도 성립한다.

그리고 미국의 대통령이었던 가필드가 사다리꼴의 넓이를 이용

해 증명한 피타고라스의 정리는 다음
과 같다.

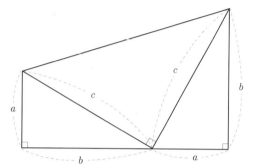

피타고라스의 정리를 사다리꼴
의 넓이를 이용해 증명한 미국
의 대통령 가필드

윗변이 a, 아랫변이 b, 높이가 $(a+b)$인 사다리꼴이 있다. 물론
사다리꼴은 눕힌 것이다.

사다리꼴의 넓이는 $\dfrac{(a+b)\times(b+a)}{2}$ 가 되며 이를 정리하면
$\dfrac{a^2+2ab+b^2}{2}$ 이 된다. 이 사다리꼴을 세 개의 삼각형으로 나누어
넓이를 나타내면 $\dfrac{1}{2}(ab+ab+c^2)$ 이다.

$$\frac{a^2+2ab+b^2}{2}=\frac{1}{2}(ab+ab+c^2)$$

양변을 정리하면

$$a^2+b^2=c^2$$

유클리드 또한 피타고라스의 정리에 많은 공을 들였다. 그가 학
계에 발표한 공식은 다음과 같다.

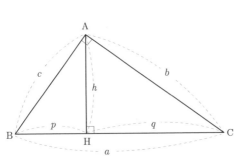

유클리드

직각삼각형 ABC의 꼭짓점 A에서 수직으로 내린 점을 H로 하고, 그 길이를 h, $\overline{BC}$에서 H에 의해 나누어진 두 선분의 길이를 각각 p, q로 하면 다음과 같다.

$$c^2 = a \times p$$
$$b^2 = a \times q$$
$$h^2 = p \times q$$

그는 피타고라스의 정리를 증명하기 위해 연구하던 도중 또 하나의 놀라운 발견을 했다.

직각삼각형 ABC를 원에 내접하게 그릴 수 있다는 사실이었다.

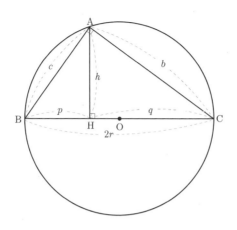

뿐만 아니라 빗변의 중심을 원의 중심이 되게 하면 ∠BAC는 원주각이 된다는 사실과 원주각의 크기는 직각으로 항상 같은 것도 알게 되었다.

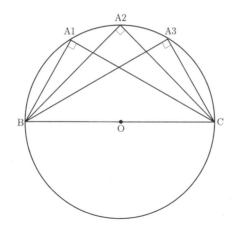

여러분은 다음 공식도 알고 있을 것이다.

$$\sin^2\theta + \cos^2\theta = 1$$

이는 피타고라스의 정리를 삼각함수에 적용한 유명한 공식이다.

우리의 삶에 가장 큰 영향을 끼친 공식 중 하나인 피타고라스의 정리는 사실 피타고라스가 최초로 발견한 것은 아니다. 그보다 앞서 10,000여 년 전부터 중국인과 바벨로니아인들이 먼저 이러한 성질을 이용하고 있었다.

컬러테라피를 발명한 피타고라스 학파

수학자 피타고라스와 피타고라스 학파하면 피타고라스의 정리를 떠올리겠지만 요즘 유행하는 컬러테라피도 피타고라스 학파가 창안한 것이다.

아직은 수학적 증명이나 과학적 실험이 정확히 이루어지지는 않았지만(인과 관계) 색이 인체의 통증 완화에 상당한 영향을 줄 수 있다는 연구결과도 발표되었다.

1930년대의 인도 과학자 딘샤 가디알리는 특정한 색이 특정 신체 기관의 기능을 강화한다는 점을 연구해 통증 완화에 긍정적 영향력을 주었다는 결과를 얻었다.

지금까지의 연구결과에 따르면 색에 따른 통증 완화는 다음과 같다.

빨강색	혈액 순환과 식욕 증진
초록색	안구 피로 완화, 근육 이완 효과, 창작 같은 창의력에 영향
파랑색	고혈압 억제, 심리 안정 효과
흰색	자율신경계를 포함한 통증 완화
보라색	신경계 진정 효과
노란색	우울증

컬러테라피는 정신의학뿐만 아니라 실내 장식에도 이용되고 있으며 커튼이나 쇼파, 벽지의 색에도 영향을 주고 있다.

페아노의 공리

(1) 1은 자연수이다.

(2) n이 자연수이면 n 다음 수도 자연수이다.

(3) n 다음 수가 1인 자연수 n은 없다.

(4) m과 n이 다르면, m'과 n'도 다르다.

(5) $1 \in P$이고, 모든 $n \in P$에 대해

 $n' \in P$가 성립하면

 P는 자연수 집합을 포함한다.

물방울 1＋물방울 1＝물방울 1
이다.

발명왕 에디슨은 찰흙 한 덩이
＋찰흙 한 덩이는 찰흙 한 덩이라
고 주장해 선생님의 말문을 막히
게 한 적이 있다.

이런 에디슨의 주장은 틀린 것
일까? 1＋1＝2가 사실일까? 이
명제가 사실인지 궁금하다면 지
금 바로 페아노의 공리를 공부하
면 된다.

수학자이자 논리학자인 페아노
는 결합의 공리와 순서의 공리로
유명한, 자연수론의 공리화를 시
도한 학자이다.

에디슨

페아노

1+1=2를 통해 18쪽 페아노의 공리의 증명을 살펴보자.

(1)의 1은 자연수라는 정리는 수학에서 자연수를 기초하는 대단히 중요한 것이 되었다. 그리고 1이 가장 작은 자연수이다.

(2), (3)에 의해 1+1은 1 다음 수가 2라는 것을 알게 되어 연산의 기초가 되었다. 지금이야 손가락이나 암산으로 할 수 있는 1+1=2 라는 결론도 사실 1 다음 수는 2라는 의미로 1+1=2인 것을 알 수 있게 되었다. 그리고 자연수는 셀 수 있는 수의 성질을 가지므로 셀 수 없는 0은 자연수가 아닌 것으로 기준이 정해졌다.

(4)는 자연수 m, n이 다르면 그 다음도 다르다는 것을 의미한다.

(5)는 여러 의미로 증명이 되는 P라는 집합이 있다고 하자. P 집합에는 1이 있다. 그리고 그 다음 수 2도 있다. 그러고 나면 그 다음 수는 3이다.

이런 방식으로 계속 써내려가면 P={1, 2, 3, 4, 5,⋯}이므로 P는 자연수의 집합이 될 수 있다. 여기서 한 가지 알 수 있는 것은 가장 큰 자연수는 아무도 모른다는 것이다.

위대한 발견

0은 아무것도 아닌 수 같지만 수학사에는 위대한 발견이다. 고대 그리스와 로마시대에는 0이 아무것도 없는 無이므로 무의미한 숫자로 취급되었다. 하지만 인도의 브라마굽타가 쓴 천문학 책《브라마스푸타시단타》에서 0은 중요한 의미를 가진 신비한 숫자로 다뤄졌다.

인도의 힌두교에서는 0은 이 세상이 창조되기 전의 無라는 상태이므로 신성한 숫자로 생각했기 때문이다.

0의 발견은 연산에도 큰 의미를 준다. 1,000원에 0원을 더하면 여전히 1,000원이지만 1,000원에 0을 붙히면 10,000원이 되어 10배의 수가 된다. 0의 개수가 많아질수록 그 돈의 가치는 커지는 것이다. 또한 어떤 수를 0으로 나눈 수는 존재하지 않는다.

0은 소숫점이나 정수의 확대 등에도 기여했으며 음수의 발견 역시 0으로 인해 가능했다. 따라서 0이 제대로 정립되지 않았다면 지금의 수학은 많이 다르거나 뒤쳐져 있었을 것이다.

과학에서도 0은 중요하다. 미분했을 때 0은 로켓이나 비행물체의 정지 상태일 때를 의미하며, 우주에서 일어나는 빅뱅이나 블랙홀에서 0이 주는 의미는 크다. 또한 우리 생활에서 떨어질 수 없는 컴퓨터만 떠올려도 이해가 쉽다. 0과 1의 이진법이 없다면 컴퓨터의 출현이 가능했을까? 0에게 감사하고 싶어지는 순간이다.

인도의 브라마굽타

한붓그리기

모든 점이 짝수 개의 선을 가지거나

단 2개의 점이 홀수 개의 선을 가지면

한붓그리기가 가능하다.

수학에서 올바른 질문을 하는 기술은
수학 문제를 푸는 기술보다 중요하다.

칸토어

  수학에서 레온하르트 오일러가 차지하는 비중은 매우 크다. 그는 아마추어 수학자 페르마가 증명했다고만 했을 뿐 증명 과정은 보여주지 않았던 수많은 명제들을 증명한 것으로도 유명하다.

  오일러가 도전했던 증명 중에는 러시아의 쾨니히스베르크의 다리에 관한 문제도 있다. 7개의 다리를 한 번만 거쳐 지나면서 모두 건널 수 있는 방법이 있는지에 관한 문제였다.

쾨니히스베르크의 다리

오일러가 증명했던 쾨니히스베르크의 다리 문제를 도식으로 나타내면 다음과 같다.

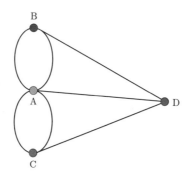

오일러는 $7! = 7 \times 6 \times 5 \times 4 \times 3 \times 2 \times 1 = 5040$가지의 가능성이 있다고 했지만 이 수많은 가짓수가 중요한 것은 아니었다. 쾨니히스베르크의 다리는 한붓그리기가 불가능했으며, 오일러는 고민 끝에 다음과 같은 수학 법칙을 제안했다.

먼저, 모든 점이 짝수 개의 선을 가지면 한붓그리기가 가능하다. 그리고 이러한 조건이 갖추어지지 않으면 단 2개의 점이 홀수 개의 선을 가지면 된다.

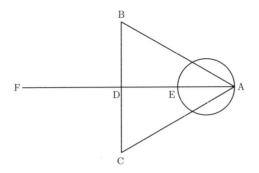

위의 그림에서는 홀수 개의 선을 가진 점이 A와 F의 2개이다. 나머지 점은 짝수개의 선을 가진다.

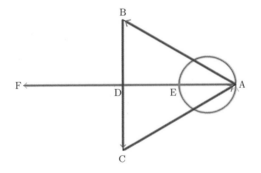

이는 한붓그리기의 조건에 맞으며, 그리는 순서는 A→B→C→A→E→A→E→D→F 또는 A→E→A→B→C→A→E→D→F 이다. 물론 이 순서는 점 A로 시작했을 때의 두 가지 방법에 불과하다. 여러분은 또 다른 방법으로 얼마든지 한붓그리기가 가능할 수 있다.

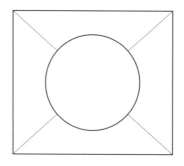

위의 그림은 한붓그리기가 불가능하다. 모든 점이 3개의 홀수선의 개수를 가지고 있기 때문이다.

한붓그리기는 꼭 수학문제에만 적용되는 것은 아니다. 지하철 노선도를 설계할 때나 여행 코스를 효율적으로 경유할 때도 한붓그리기가 이용될 수 있다.

황금비

$\overline{\text{AB}}$에서 한 점 P를 정할 때

$\overline{\text{AP}}:\overline{\text{BP}} = 1.618:1$의

비례관계를 황금비라 한다.

수학을 모르는 사람은 자연의 진정한 아름다움을 알 수 없다.

리처드 파인만

사람에게 가장 균형이 잡히고 이상적으로 보이는 비율을 황금비라고 한다. 그래서 황금비는 수학적 접근 외에도 미술사, 건축사 등등 세계사 곳곳에서 찾아볼 수 있다.

만물의 근원이 수라고 생각했던 피타고라스도 황금비가 인간에게 가장 아름다운 비율이라고 생각해 황금비율로 된 있는 오각형 모양의 별을 피타고라스 학파의 상징으로 삼았다.

밀로의 비너스와 그리스의 파르테논 신전은 황금비를 언급할 때 가장 많이 예로 제시된다. 하지만 최근의 연구 결과 파르테논 신전은 엄밀히 말해 황금비라고 할 수 없다는 것이 학계의 정설이 되어 가고 있다.

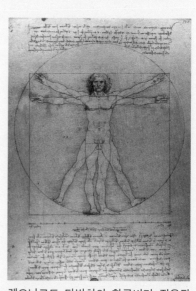

레오나르도 다빈치 또한 황금비를 사랑해 인체모형도와 모나리자에 황금비를 적용했다고 한다.

자연계에서도 황금비는 쉽게 목격할 수 있다. 가장 대표적인 것이 황금앵무 조개와

레오나르도 다빈치의 황금비가 적용된 인체모형도

해바라기, 선인장 등이다.

우주에서도 황금비율을 찾을 수 있다. 대표적인 것이 소용돌이 은하 M51이다.

책의 크기와 명함, 지갑도 황금비를 따른다. 보통 가로:세로=1.618:1을 따를 때 가장 멋지고 아름답게 보이며 실용적인 사이즈로 인정받고 있다. 여러분의 응접실에 있는 HDTV 또는 PC 모니터도 황금비에 따른다.

지갑

클래식 음악에서도 전체 음악이 4분 길이라면 2분 27초 정도에서 클라이맥스에 이르는 경우가 많다고 한다. 모든 클래식 음악이 그런 것은 아니지만 재미있는 연구임에는 틀림없다.

앵무조개 화석

해바라기의 배열

모니터

소용돌이 은하 M51

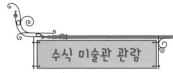
그렇다면 황금비는 무엇일까?

우선, 가로가 x이고, 세로가 1인 직사각형이 있다고 하자.

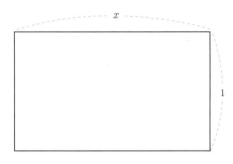

직사각형 안에 선분 한 개를 더 그어서 가로 1, 세로 1인 정사각형을 만든다.

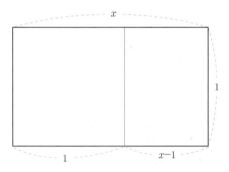

직사각형의 가로, 세로의 길이에 대한 비례식을 세우면 다음과 같다.

$$\frac{1}{x} = \frac{x-1}{1}$$

$$x^2 - x = 1$$

근을 구하면

$$x = \frac{1 \pm \sqrt{5}}{2}$$

x는 길이이므로 근은 양수이기 때문에

$$x = \frac{1 + \sqrt{5}}{2}$$

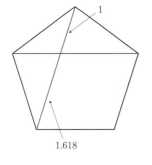

따라서 x는 $\frac{1+\sqrt{5}}{2}$ 로, 약 1.618이다.

사각형에서 한 변의 길이가 1이고 다른 한 변의 길이가 1.618이면 황금비를 따르는 것이다.

정오각형도 두 대각선이 만날 때 황금비에 따른다. 그리고 이것이 피타고라스 학파의 상징인 오각형의 별이다.

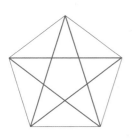

피타고라스 학파의 상징

프렉탈

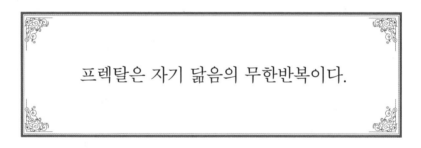

프렉탈은 자기 닮음의 무한반복이다.

물리 법칙에는 반드시 수학적 아름다움이 있어야 한다.

폴 디락

부분이 전체를 닮은 자기 유사성을 프렉탈이라고 한다. 프렉탈은 망델브로가 1967년에 처음으로 발견했지만 이론적으로 유명하게 만든 수학자는 시에르핀스키와 코흐이다.

아래는 프렉탈의 대표적인 예로 꼽히는 시에르핀스키의 수를 나타낸 그림이다.

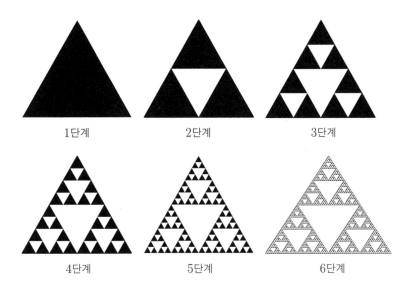

1단계	2단계	3단계

4단계	5단계	6단계

삼각형의 각 변의 중심을 잡고, 선분으로 이은 뒤 가운데 삼각형 부분은 흰색으로 칠하고 나머지는 그래도 둔다. 검은 삼각형

3개를 모두 첫 단계 한 후 이를 여러 번 반복하면 33쪽과 같은 그림이 나온다. 이를 대응표로 정리하면 다음과 같다.

검은색 삼각형의 개수	1단계	2단계	3단계	4단계	n단계
개수	1	3	9	27	3^{n-1}
넓이의 합	1	$\dfrac{3}{4}$	$\left(\dfrac{3}{4}\right)^{2}$	$\left(\dfrac{3}{4}\right)^{3}$	$\left(\dfrac{3}{4}\right)^{n-1}$

넓이의 합이 공비가 $\dfrac{3}{4}$ 이라는 것을 알 수 있다. 일반항을 알고 있기 때문에 $\lim\limits_{n \to \infty}\left(\dfrac{3}{4}\right)^{n-1}=0$이 된다. 무한대로 진행하면 넓이의 합이 0에 가깝게 된다. 따라서 단계가 높아질수록 거의 하얗게 보이게 된다. 이번에는 시에르핀스키 도형을 살펴보자. 이 도형도 파스칼의 삼각형과 비슷한 점이 있는데, 아래 그림을 보면 알 수 있다.

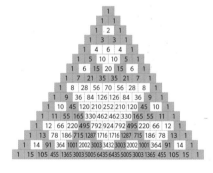

오른쪽의 파스칼 삼각형에서 홀수는 파란색, 짝수는 흰색이다. 왼쪽 시에르핀스키 도형의 파란색과 흰색 부분을 비교해 보면 형태가 비슷하다.

코흐 곡선도 프렉탈의 유명한 예 중 하나이다.

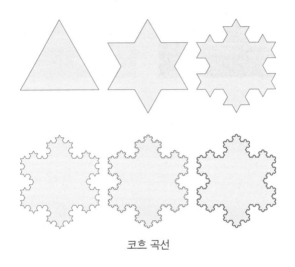

코흐 곡선

건강 채소인 브로콜리에서도 프렉탈을 찾아볼 수 있다. 브로콜

브로콜리

눈 결정

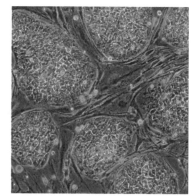

은하계   세포

리를 가지별로 잘게 나누면 브로콜리 전체 모양과 비슷한 것을 확인할 수 있다. 눈 결정도 대표적인 예이다.

그렇다면 프렉탈은 수학일까? 아트일까? 답은 둘 다 포함하는 합집합이다. 수학자는 무한급수를 생각하여 프렉탈에 접근할 것이며, 예술가는 반복의 미학을 강조할 것이다.

프렉탈은 매우 흥미로운 주제이기 때문에 자기반복을 통한 무한 반복에 대해 앞으로도 계속 연구 및 개발될 것이다.

가우스의 수열

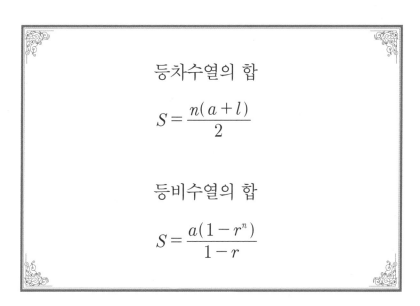

등차수열의 합

$$S = \frac{n(a+l)}{2}$$

등비수열의 합

$$S = \frac{a(1-r^n)}{1-r}$$

가우스의 초상화

가우스 기념주화

수학왕 또는 수학의 왕자라 불리는 가우스는 명실공히 19세기 가장 위대한 수학자이자 수학사에서 한 손에 꼽히는 수학자이기도 하다.

대수학·해석학·기하학 분야에 큰 업적을 남겼지만 무엇보다도 손꼽히는 업적은 수리물리학에서 순수수학을 분리시켜 근대수학의 시작을 알렸다는 점일 것이다.

가우스는 10살 때 1에서 100까지를 더했을 때 얼마가 나오지는지에 대한 선생님의 질문에 쉽게 답을 냈다.

등차수열의 합의 공식을 이용한 것이다. 또한 고등학교 때는 독자적으로 정수론 등을 창안하는 등 일생에 걸쳐 그는 계속해서 수많은 수학적 업적을 쌓아올렸다. 하지만 그에게 명성을 안겨준 것은 수학연구가 아니라 천체역학에 대한 연구였다.

그가 10살 때 등차수열의 합공식을 이용해 5분도 안되어 풀었던 문제를 살펴보자.

$$1+2+3+\cdots+98+99+100 \quad \cdots ①$$
$$100+99+98+\cdots+3+2+1 \quad \cdots ②$$

①+②를 하면 1에서 100을 두 번 더한 것이 된다. 따라서 두 식을 더한 후 2로 나누면 된다. 이때 1과 100, 2와 99, 3과 98의 합은 항상 101로 101이 100개가 되며 이를 2로 나누면 되는 것이다.

$$101 \times 100 \div 2 = 5050$$

이제 등차수열의 합과 등비수열의 합의 증명에 대해 살펴보자.

수열의 초항(첫째항)을 a로 했을 때 등차수열은 두 번째 항부터 $a+d$, $a+2d$, $a+3d$, $a+4d\cdots$으로 증가한다. 마지막 항을 l로 하면, 그 앞의 항은 $l-d$가 된다. $l-d$항의 앞은 $l-2d$항이다.

$$S = \quad a \quad + a+d + a+2d + \cdots + l-2d + l-d + l$$

$$+ S = \quad l \quad + l-d + l-2d + \cdots + a+2d + a+d + a$$

$$2S = (a+l) + (a+l) + (a+l) + \cdots + (a+l) + (a+l) + (a+l)$$

양변을 2로 나누면

$$S = \frac{n(a+l)}{2}$$

그리고 a_n과 l이 같고 $a_n = a + (n-1)d$이므로 이것을

$S = \frac{n(a+l)}{2}$ 에 대입하면 $S = \frac{n(2a + (n-1)d)}{2}$가 된다.

등비수열은 $S = a + ar + ar^2 + ar^3 + \cdots + ar^{n-1}$과 S를 r배

한 $rS = ar + ar^2 + ar^3 + \cdots + ar^{n-1} + ar^n$을 빼면 다음과 같다.

$$S = a + ar + ar^2 + ar^3 + \cdots + ar^{n-1}$$

$$-rS = \quad\ ar + ar^2 + ar^3 + \cdots + ar^{n-1} + ar^n$$

$$(1-r)S = a - ar^n$$

따라서 $S = \frac{a(1-r^n)}{1-r}$이다.

올해 2018년 6월에는 러시아에서 월드컵을 개최했다. 다음 월드컵은 4년 후 카타르에서 개최된다. 4년을 더하면 2022년이다. 월드컵 개최년도의 계산도 4년을 계속 더하는 등차수열을 이용해 확인할 수 있다. 예금 금리의 계산도 등비수열을 따른다. 우리의 삶 속에는 수많은 수학 분야들이 활용되고 있는 것이다.

하노이 탑에서 발견하는 수학공식

-퍼즐에도 수열이!

하노이 탑은 1883년인 프랑스의 수학자 에두아르 뤼카가 《수학유희》에 발표한 퍼즐이다. 지금은 교구로도 널리 사용되고 있으며 순서와 논리성에 따른 공간 위치 이동에 대한 이해를 통해 즐거움을 주는 퍼즐이다. 보통 8개의 원판으로 된 교구가 많다.

하노이의 탑 규칙은 다음과 같다.

가장 아래에 큰 원판이 있고, 작은 원판 순으로 차례대로 쌓여 있다. 원판의 색은 다르며, 가장 왼쪽에 놓인 원판을 가장 오른쪽으로 전부 이동시키는 것이 이 퍼즐의 목적이다. 이동하는 도중에는 작은 원판 위에 큰 원판이 있으면 안 된다. 또한 원판은 반드시 한 개씩만 옮겨야 한다. 우선 3개의 원판을 가진

①

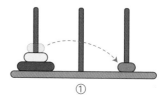

②

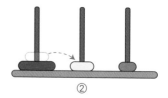

③

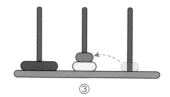

하노이 탑을 살펴보자.

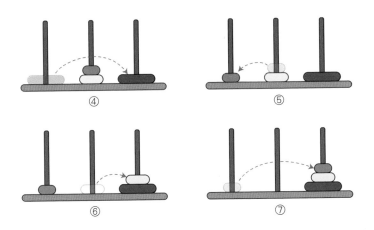

④   ⑤

⑥   ⑦

①~⑦까지를 살펴보면 규칙대로 3개의 원판을 이동시키기 위해서는 모두 7번 움직이게 된다. 물론 7번은 최소로 이동한 회수이다. 원판이 4개이면 15번 이동할 수 있다. 5개이면 31번 만에 모두 이동시킬 수 있다.

이를 수열의 공식에 적용하면, n을 원판의 이동회수로 했을 때 이동회수 $f(n) = 2^n - 1$이 된다. 이동회수가 지수함수임이 보이는가? 8개의 원판에 대한 하노이 탑 문제가 있다면 $2^8 - 1 = 255$번의 이동회수가 필요하다.

만약 원판이 100개라면 얼마나 많은 이동회수가 필요할까? $2^{100} - 1$은 엄청나게 큰 수이다. 분명한 것은 100개의 하노이탑을 다른 곳으로 전부 이동하려면 여러분의 일생을 다 투자해도 시간이 부족하다는 사실이다.

골드바흐의 추측

4 이상의 모든 짝수는

두 소수의 합으로 나타낼 수 있다.

근본적인 수학 탐구에는

마지막 종착점이 없으며 최초의 출발점도 없다.

펠릭스 클라인

골드바흐^{Christian Goldbach; 1690~1764}는 정수론 연구에 공을 들인 독일의 수학자이다. 골드바흐의 추측은 '4 이상의 모든 짝수는 두 소수의 합으로 되어 있다'는 가설을 연구한 것이다.

수학자 골드바흐가 1742년 6월 오일러에게 편지를 보내 질문한 문제로, 아직까지 정확한 증명이 되지 않은 수학의 난제 중 하나이다. 300년 가까이 증명하지 못했으며 페르마의 정리, 4색 정리와 더불어 3대 난제로도 불린다.

골드바흐가 오일러에게 보낸 편지

현재도 골드바흐의 추측은 정확한 증명이 어렵고 프로그램으로 해결이 되었을 뿐 가설에 대한 확증은 어려운 추측이라고 한다.

약한 골드바흐의 추측이라는 것도 있다. 이는 다음과 같다.

7 이상의 모든 홀수는

세 개의 소수의 합으로 나타낼 수 있다.

한 예로 7=2+2+3의 증명이 있다. 골드바흐의 추측이 증명된다면 약한 골드바흐의 추측도 증명된다고 한다.

1937년에 이반 마트베예비치 비노그라도프가 약한 골드바흐의 추측이 '아주 큰 홀수'에 대해 성립하는 것을 증명했다. 그리고 2013년 괴팅겐 대학 교수인 헤럴드 헬프고트가 증명했지

약한 골드바흐의 추측을 증명한 페루 출신의 헤럴드 헬프고트 교수

만 아직도 골드바흐의 추측에 대한 증명은 계속 연구가 진행 중에 있다.

아래처럼 4 이상의 짝수를 두 소수의 합으로 일부 나타내본다.

$$4 = 2 + 2$$
$$6 = 3 + 3$$
$$8 = 3 + 5$$
$$10 = 3 + 7 = 5 + 5$$
$$12 = 5 + 7$$
$$14 = 3 + 11 = 7 + 7$$
$$16 = 3 + 13 = 5 + 11$$
$$18 = 7 + 11 = 5 + 13$$
$$20 = 7 + 13 = 3 + 17$$
$$22 = 3 + 19 = 5 + 17 = 11 + 11$$
$$24 = 5 + 19 = 7 + 17 = 11 + 13$$
$$26 = 3 + 23 = 7 + 19 = 13 + 13$$
$$28 = 5 + 23 = 11 + 17$$
$$30 = 7 + 23 = 11 + 19 = 13 + 17$$
$$32 = 3 + 29 = 13 + 19$$
$$34 = 3 + 31 = 5 + 29 = 11 + 23 = 17 + 17$$

$36 = 5 + 31 = 7 + 29 = 13 + 23 = 17 + 19$

$38 = 7 + 31 = 19 + 19$

$40 = 3 + 37 = 11 + 29 = 17 + 23$

$42 = 5 + 37 = 11 + 31 = 13 + 29 = 19 + 23$

$44 = 3 + 41 = 7 + 37 = 13 + 31$

$46 = 3 + 43 = 5 + 41 = 17 + 29 = 23 + 23$

$48 = 5 + 43 = 7 + 41 = 11 + 37 = 17 + 31 = 19 + 29$

$50 = 3 + 47 = 7 + 43 = 13 + 37 = 19 + 31$

$52 = 5 + 47 = 11 + 41 = 23 + 29$

$54 = 7 + 47 = 11 + 43 = 13 + 41 = 17 + 37 = 23 + 31$

$56 = 3 + 53 = 13 + 43 = 19 + 37$

$58 = 5 + 53 = 11 + 47 = 17 + 41 = 29 + 29$

$60 = 7 + 53 = 13 + 47 = 17 + 43 = 19 + 41 = 23 + 37 = 29 + 31$

$\vdots$

에라토스테네스의 체

소수만 걸러내는 체를

에라토스테네스의 체라고 한다.

수학은 사고를 절약하는 과학이다.

푸앵카레

에라토스테네스는 그리스의 수
학자이자 천문학자이며 지리학자
이기도 하다. 에라토스테네스의
체를 발견해 소수를 찾아내는 방
법을 소개했고, 해시계를 이용해
처음으로 지구의 둘레를 계산했
다. 지리상의 위치를 위도·경도
로 표시한 것도 그가 처음이라고
한다(소수는 이미 유클리드에 의해
무한개임이 증명된 상황이었다).

에라토스테네스의 초상

에라토스테네스는 알렉산드리아 대학 도서관의
관장으로 지내는 동안 세계 최초로 지구의 둘레
를 계산했다.

에라토스테네스의 체에 대한 설명은 다음과 같다. 1부터 100까지의 숫자를 모두 적은 뒤 다음의 단계에 따라 체크해보자.

1. 숫자 1은 소수도 합성수도 아니므로 지운다.
2. 숫자 2를 제외한 2의 배수는 모두 지운다. 숫자 2는 소수이므로 지우지 않는 것이다.
3. 숫자 3은 소수이므로 제외하고, 3의 배수는 모두 지운다.
4. 숫자 5는 소수이므로 제외하고 5의 배수는 모두 지운다.
5. 숫자 7은 소수이므로 제외하고 7의 배수는 모두 지운다.
6. 숫자 11은 소수이므로 제외하고 11의 배수는 모두 지운다.
7. 위의 과정을 반복하면 남은 숫자들은 모두 소수이다.

1	2	3	4	5	6	7	8	9	10
11	12	13	14	15	16	17	18	19	20
21	22	23	24	25	26	27	28	29	30
31	32	33	34	35	36	37	38	39	40
41	42	43	44	45	46	47	48	49	50
51	52	53	54	55	56	57	58	59	60
61	62	63	64	65	66	67	68	69	70
71	72	73	74	75	76	77	78	79	80
81	82	83	84	85	86	87	88	89	90
91	92	93	94	95	96	97	98	99	100

그 결과값이다.

~~1~~	②	③	~~4~~	⑤	~~6~~	⑦	~~8~~	~~9~~	~~10~~
⑪	~~12~~	⑬	~~14~~	~~15~~	~~16~~	⑰	~~18~~	⑲	~~20~~
~~21~~	~~22~~	㉓	~~24~~	~~25~~	~~26~~	~~27~~	~~28~~	㉙	~~30~~
㉛	~~32~~	~~33~~	~~34~~	~~35~~	~~36~~	㊲	~~38~~	~~39~~	~~40~~
㊶	~~42~~	㊸	~~44~~	~~45~~	~~46~~	㊼	~~48~~	~~49~~	~~50~~
~~51~~	~~52~~	(53)	~~54~~	~~55~~	~~56~~	~~57~~	~~58~~	(59)	~~60~~
(61)	~~62~~	~~63~~	~~64~~	~~65~~	~~66~~	(67)	~~68~~	~~69~~	~~70~~
(71)	~~72~~	(73)	~~74~~	~~75~~	~~76~~	~~77~~	~~78~~	(79)	~~80~~
~~81~~	~~82~~	(83)	~~84~~	~~85~~	~~86~~	~~87~~	~~88~~	(89)	~~90~~
~~91~~	~~92~~	~~93~~	~~94~~	~~95~~	~~96~~	(97)	~~98~~	~~99~~	~~100~~

에라토스테네스의 체

이렇게 7단계를 거치면서 소수만 남게 되었다. 1에서 100까지의 수 중 소수를 눈으로 확인할 수 있게 된 것이다. 여기서 가장 작은 소수는 2이고 가장 큰 소수는 97이다. 최근까지 발견한 가장 큰 소수는 $2^{74,207,281}-1$이고 무려 22,338,618자리의 수이다. 그리고 앞으로도 더 큰 자릿수의 소수가 발견될 것이다.

지구의 크기를 최초로 측정한
에라토스테네스!

에라토스테네스는 '에라토스테네스의 체' 말고도 최초로 지구의 둘레를 근삿값으로 측정한 것으로 유명하다. 지구와 닮음꼴인 탁구 공의 크기를 알면 지구의 크기도 알아볼 수 있게 되는 것이다. 에라 토스테네스는 기원전 240년경 6월 21일 하짓날에 이를 측정했다.

그 두 지역은 고대수학, 과학, 철학의 교류가 활발한 곳이었고, 후에 헬레니즘 문화와 로마 문화가 융합하여 번성한 곳이었다. 에라토 스테네스가 지구의 크기를 특정한 가정은 다음과 같다.

지구는 완전한 둥근 구 모양이다.

태양 광선은 지구의 어느 곳에든 평행하게 비춘다.

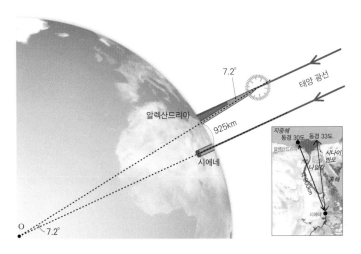

이를 계산하면 다음과 같다.

$$\frac{\text{두 도시의 거리를 호로 하는 중심각의 크기}}{\text{원의 중심각}(360°)} = \frac{\text{두 도시의 거리}(\text{km})}{\text{지구의 둘레 } x(\text{km})}$$

$$\frac{7.2°}{360°} = \frac{925}{x}$$

$$\therefore x = 46{,}250(\text{km})$$

실제로 지구의 크기는 40,074(km)이기 때문에 에라토스테네스가 측정한 지구의 둘레와는 약 11.4%의 오차가 난다. 하지만 2200여 년 전인 것을 고려하면 대단한 것임에 틀림없다.

오차는 다음과 같은 3가지 이유 때문에 발생했다.

① 지구는 타원 모양이다.
② 두 도시의 거리가 정확히 특정되지 않았다.
③ 두 도시는 동일한 경도에 위치하지 않는다.

약간 타원인 지구

지구는 완전한 구가 아니라 타원체이다. 따라서 에라토스테네스의 지구 둘레에는 오차가 발생할 수밖에 없으며 시에네와 알렉산드리아의 거리 역시 지금처럼 정밀하게 측정되지 않았다. 또한 시간의 차이를 결정하는 경도의 차이를 고려하지 않고 계산하였으므로 오차가 발생할 수밖에 없다. 시에네의 경도는 35°, 알렉산드리아의 경도는 29°이다.

따라서 6°의 경도차이는 15°차이가 나도 1시간의 시차가 발생하는데, 여기서는 24분 정도 차이가 나게 된다.

파스칼의 삼각형에서
조합

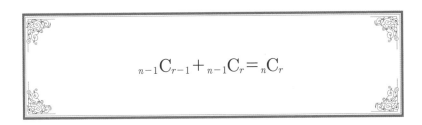

$$_{n-1}C_{r-1} + {}_{n-1}C_r = {}_nC_r$$

인간은 자연 가운데서 가장 약한 하나의 갈대에 불과하다.

하지만 그것은 생각하는 갈대이다

파스칼

파스칼의 초상화

프랑스의 철학자이자 수학자인 파스칼은 신을 믿는 것이 합리적이라고 주장했다. 만일 신이 존재하지 않는다고 해도 잃을 것이 없지만 신이 존재한다면 '무한한 행복이 있는 삶'을 살게 될 것이기 때문이다.

13살 때 이미 파스칼의 삼각형을 발견했을 정도로 수학 분야의 천재였던 파스칼은 12살 때부터 유클리드 기하학을 연구해 16살 때 《원뿔곡선론 Essaipourlesconiques》을 썼다. 그는 수많은 업적을 남겼으며 그중에서도 특히 확률론, 수론數論, 기하학 등에 큰 공헌을 했다. 그의 발명품 중에는 계산기(1642년)도 있다.

파스칼의 삼각형은 그 이전부터 수학계에 등장했지만 체계적으로 정리한 것은 파스칼이기 때문에 '파스칼의 삼각형'으로 소개되었다.

수학의 이항계수를 삼각형 모양으로 나타낸 것이 파스칼의 삼각형으로, 서로 이웃하는 두 수를 더한 값은 두 수 바로 아래 수가 된다.

파스칼의 삼각형은 그 자체만으로도 흥미로운 세계이지만 과학자들에게 특히 중요하다. 조합을 설명하는 데 매우 중요한 증명이기 때문이다.

파스칼의 삼각형을 그려보면 다음과 같다.

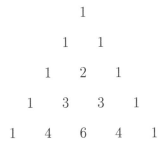

아래로 수를 나열할 때 1로 시작하여 1로 끝나는 삼각형 모양을 만들면서 위의 두 수를 더한 값은 아랫값이 될 수 있는 법칙이 성립한다. 이를 여러분이 나타내고자 하는 대로 아래로 계속 써내려가면 된다.

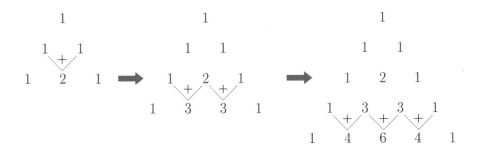

계속 나열하면 삼각형이 더 커질 것이다.

우리는 여기서 조합을 발견하게 된다. 1은 $_1C_0$이므로 맨 위의 1을 다음과 같이 나타내면 알 수 있는 것이 있다.

$$1$$
$$_1C_0 \quad _1C_1$$
$$_2C_0 \quad _2C_1 \quad _2C_2$$
$$_3C_0 \quad _3C_1 \quad _3C_2 \quad _3C_3$$
$$_4C_0 \quad _4C_1 \quad _4C_2 \quad _4C_3 \quad _4C_4$$

$$1$$
$$_1C_0 \quad _1C_1$$
$$_2C_0 \quad _2C_1 \quad _2C_2$$
$$_3C_0 \quad _3C_1 \quad _3C_2 \quad _3C_3$$
$$_4C_0 \quad _4C_1 \quad _4C_2 \quad _4C_3 \quad _4C_4$$

관계가 보이는가?

$_4C_2 = {_3C_1} + {_3C_2}$

$_4C_3 = {_3C_2} + {_3C_3}$에서 $_nC_r = {_{n-1}C_{r-1}} + {_{n-1}C_r}$을 일반화할 수 있었다면 방금 당신은 파스칼의 발견의 기쁨을 함께 누린 것이다.

제논의 역설

> 빨리 달리는 아킬레스는
> 거북이를 추월할 수 없다.

수학은 정비가 잘된 고속도로를 조심스럽게 내려가는 것이 아니라
이상한 황야로 가는 여행과 같으며,
그곳에서 여행가는 자주 길을 잃게 된다.
엄밀하게 탐험가들이 지도를 만들면 여행가는 어디론가 가버린다.

앵글린

제논은 파타고라스의 첫 번째 제자이자 네 개의 역설을 남긴 것
으로 유명하다.

· 사람은 경기장을 건널 수 없다

· 날아가는 화살은 날지 않는다

· 빨리 달리는 아킬레스는 거북이를 추월할 수 없다

· 반분의 시간은 그 배의 시간과 같다

헤겔은 이런 제논에게 변증법
의 창시자라는 평을 남겼다.

엘레아의 제논

제논의 역설 중 〈빨리 달리는 아킬레스는 거북이를 추월할 수 없다〉를 살펴보면 다음과 같다(아킬레스는 그리스 신화 속 인물로, 신에 가까울 정도로 가장 빨리 달릴 수 있는 사람이다).

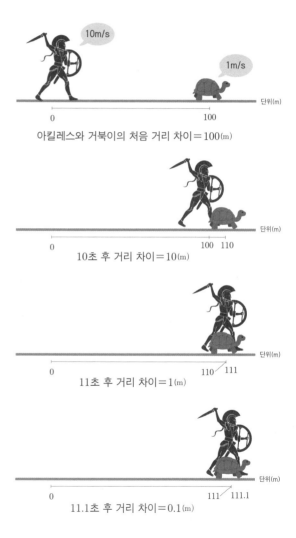

아킬레스와 거북이의 처음 거리 차이 = 100(m)

10초 후 거리 차이 = 10(m)

11초 후 거리 차이 = 1(m)

11.1초 후 거리 차이 = 0.1(m)

아킬레스의 속력을 10m/s로 하고 거북이의 속력을 1m/s로 하자. 거북이가 10배 느리며 거북이는 아킬레스보다 100m 앞에 있다. 따라서 둘 사이는 100m 차이가 난다.

거북이가 10m를 움직였다. 그사이 아킬레스는 100m를 움직였다. 따라서 거북이가 움직인 10m는 둘 사이의 거리 차이로 남는다.

계속해서 거북이가 1m 움직이는 동안 아킬레스는 10m를 나아가지만 거북이가 간 거리인 1m 차이는 유지된다.

거북이가 0.1m를 움직이면 아킬레스는 1m를 움직여 0.1m 차이가 난다.

이 논리대로라면 아킬레스는 영원히 거북이를 따라잡지 못한다. 이것이 후에 무한등비급수의 발전에 많은 공헌을 한 역설이다.

재미있는 이론이지만 현실에서는 일어날 수 없다. 제논의 역설은 수학계에서 2000여 년 동안 많은 관심을 받아왔고, 지금도 회자된다. 그 이유는 무한등비급수를 비롯한 수열에 지대한 영향을 주고 있기 때문이다.

제논의 역설은 시간의 흐름에 따른 운동을 부정한 결과가 되어 현대 수학에는 맞지 않는 면이 있다.

실제로 함수식을 세워서 살펴보자.

거북이에 관한 함수식은 $y = x + 100$,

아킬레스에 관한 함수식은 $y = 10x$ 로 다음과 같다.

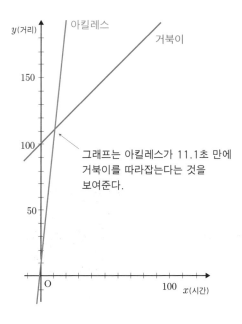

그래프는 아킬레스가 11.1초 만에
거북이를 따라잡는다는 것을
보여준다.

뉴컴의 역설

−선택의 어려움을 보여주는 역설

1960년에 윌리엄 뉴컴이라는 과학자가 제안한 역설이다. 보통 선택의 어려움을 나타내는 역설이다.

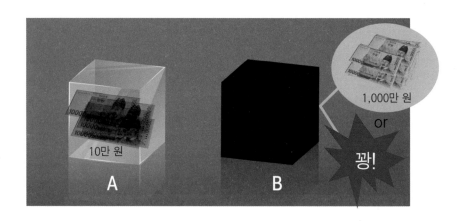

두 개의 상자 A, B가 있다.

상자 A는 투명한 정육면체 모양이며 10만 원이 놓여 있다. 상자 B는 검은 상자로 안이 보이지 않으며 1000만 원이 있을 수도 있고 아닐 수도 있다. 여러분에게는 두 상자를 전부 들고 나오던지 상자 B만 들고나오던지 하는 선택지가 놓인다.

여러분이 만약 상자 B를 들고 나오면 상자 안에 있을지 없을지 모르는 1000만 원을 획득할 가능성이 있다. 대신 A는 포기해야 한다.

두 상자 모두 들고 나오면 B는 포기하는 대신 A 상자 속 10만 원은 여러분의 것이다. 여러분이라면 어떻게 할 것인가?

이 역설은 아직까지도 많은 논쟁을 불러온다. 10만 원은 가난한 사람에게 큰 돈이지만 거물에게 1000만 원은 매력적인 액수가 아닐 수 있기 때문이다. 사람에 따라 10만 원이 매력적이거나 큰 의미가 없어 차라리 B를 선택하는 것이 더 나은 사람도 있다. 따라서 입장에 따라 합리적 선택을 할 만한 상황도 아닌 문제라는 것이다.

여러분은 A를 선택할 것인가 B를 선택할 것인가?

허수의 발견

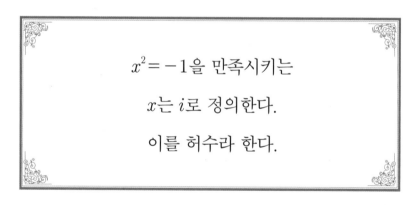

$x^2 = -1$을 만족시키는

x는 i로 정의한다.

이를 허수라 한다.

수학은 올바른 시각으로 보면 진실뿐 아니라 궁극의 아름다움,
즉 조각과도 같은 냉철하고도 엄격한 미를 담고 있다.

버트런드 러셀

허수는 물리학 분야의 양자역학과 유체역학, 반도체 분야, 파동에 이르기까지 폭넓게 쓰이고 있는 위대한 수이다. 상대성이론도 허수의 발견 없이는 탄생이 어려웠고, 미분방정식에도 상당한 영향을 주었으며, 지금 우리가 사용하는 스마트폰을 포함한 4차 산업 용품 등의 개발에도 허수의 숨겨진 공이 있다.

16세기 유럽의 수학자들은 부와 명예를 차지하기 위해 수학적 지식을 겨루고 있었다. 그 시대를 살았던 불운한 수학자 타르탈리아(말더듬이란 뜻)와 지롤라모 카르다노의 에피소드는 유명하다.

지롤라모 카르다노

의사이자 수학자였던 카르다노는 타르탈리아를 설득해 근의 공식을 알아낸 후 자신의 이름으로 발표해 타르탈리아를 구렁텅이에 빠뜨렸다.

훗날 이 사실이 밝혀지면서 카르다노는 비난을 받게 된다.

수학적 재능이 넘쳤던 카르다노는 허수를 발견해 방정식을 진일보시켰지만 아이러니

타르탈리아

컬하게도 그 자신은 허수를 용납하지 못했다고 한다.

3차 방정식의 근의 공식을 발견하면서 내린 허수에 대한 정의는 다음과 같다(허수를 나타내는 i는 imaginary number의 약자를 따온 것이다).

두 수를 곱하여 1을 만족하는 x는 -1, $+1$이다. 이는 실수의 범위 내에서 정수를 구한 것이다. 그러나 두 수를 곱하여 -1을 만족하는 x를 구해야 한다면 어떻게 될까?

이를 해결하는 과정에서 카르다노는 처음으로 허수를 언급했다.

데카르트도 허수에 대해 연구했지만 좌표평면으로 나타내는 것은 불가능하다고 결정짓는다.

하지만 18세기에 오일러가 허수를 포함한 복소수를 정의함으로 복소평면으로 나타낼 수 있게 되었다.

복소수는 $a+bi$로 나타내며 a는 실수부, b는 허수부이다. 그리고 $\sqrt{-1} = i$로 나타낸다. 만약 $\sqrt{-9} = 3i$가 되는 것이다.

허수의 성질은 허수는 i의 실수배라는 성질을 가지며, 다음과 같이 나타낼 수 있다.

$$i$$

$$i^2 = i \times i = -1$$

$$i^3 = i^2 \times i = -1 \times i = -i$$

$$i^4 = i^3 \times i = -i \times i = -i^2 = 1$$

$$i^5 = i^4 \times i = i$$

$$i^6 = i^5 \times i = -1$$

$$i^7 = -i$$

$$i^8 = 1$$

$$\vdots$$

계속 반복되는 것을 알 수 있다.

따라서 $i + i^2 + i^3 + i^4 = 1$이 되는 것을 알 수 있다. 그리고 복소평면은 실수축과 허수축으로 나뉘어 실수부와 허수부를 나타낸다.

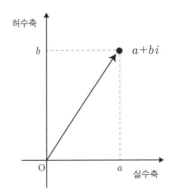

근의 공식

이차방정식 $y=ax^2+bx+c=0$의

근 x는 다음과 같다.

$$x=\frac{-b\pm\sqrt{b^2-4ac}}{2a}$$

수학은 가장 돈이 안 드는 과학이다.

조지 폴리아

알 콰리즈미

근의 공식을 만든 이는 인도 수학자 알 콰리즈미로, 실용수학이 발달한 인도에서 근의 공식을 만든 것은 계산의 편리성을 위해서였을 것이다.

그는 근대 대수학의 아버지로 알려져 있으며 우리가 알고 있는 알고리즘이란 말 역시 알 콰리즈미의 이름에서 따온 것이라고 한다. 또한 십진법도 알 콰리즈미가 만들었다고 한다.

알 콰리즈미가 살던 시대에는 현재 우리가 쓰고 있는 수학 기호들이 없었기 때문에 수많은 수학적 증명을 말로 설명했으며 그중에는 이차방정식의 해도 있다. 그가 설명한 이차방정식을 풀기 위한 6가지 기본 성질은 다음과 같다.

- 제곱이 근과 같다($ax^2 = bx$)
- 제곱이 수와 같다($ax^2 = c$)
- 근이 수와 같다($bx = c$)
- 제곱과 근이 수와 같다($ax^2 + bx = c$)
- 제곱과 수가 근과 같다($ax^2 + c = bx$)
- 근과 수가 제곱과 같다($bx + c = ax^2$)

근의 공식은 2차방정식부터 4차방정식까지의 방정식의 근을 구하기 위한 위대한 공식이다. 다양하게 쓰이기 때문에 근의 공식을 유도하는 것은 알아두어야 할 필요가 있다.

$$ax^2 + bx + c = 0$$

양변을 a로 나누면

$$x^2 + \frac{b}{a}x + \frac{c}{a} = 0$$

$$\left\{ x^2 + \frac{b}{a}x + \left(\frac{b}{2a} \right)^2 - \left(\frac{b}{2a} \right)^2 \right\} + \frac{c}{a} = 0$$

밑줄친 부분을 완전제곱식으로 만들면

$$\left(x + \frac{b}{2a} \right)^2 - \frac{b^2}{4a^2} + \frac{c}{a} = 0$$

이항하면

$$\left(x + \frac{b}{2a} \right)^2 = \frac{b^2}{4a^2} - \frac{c}{a}$$

양변에 제곱근을 씌우면

$$x + \frac{b}{2a} = \pm \sqrt{\frac{b^2 - 4ac}{4a^2}}$$

이항하여 정리하면

$$x = \frac{-b \pm \sqrt{b^2 - 4ac}}{2a}$$

여기서 제곱근 안의 b^2-4ac는 판별식이라 하며 근의 존재 여부를 판단하는 데 쓰이기도 하며, D로 표기한다. 즉 $D=b^2-4ac$이며, 다음의 성질을 갖는다.

$D>0$ 두 개의 실근이 존재한다.

$D=0$ 중근이 1개이다.

$D<0$ 실근은 존재하지 않지만 허근이 있다.

판별식으로는 근이 실근인지 허근인지를 파악하는 데 목적이 있다. 3차방정식과 4차 방정식의 근의 공식은 다음과 같다.

3차 방정식 근의 공식

$$x_1 = \frac{\sqrt[3]{-2b^3+9abc-a^2d+\sqrt{4(-b^2+3ac)^3+(-2b^3+9abc-27a^2d)^2}}}{3\sqrt[3]{2}\,a}$$

$$-\frac{\sqrt[3]{2}(-b^2+3ac)}{3a\sqrt[3]{-2b^3+9ab+27a^2d+\sqrt{4(-b^2+9ac)^3+(2b^3+9abc-27a^2d)^2}}}-\frac{b}{3a}$$

$$x_2 = \frac{(1-\sqrt{3}\,i)\cdot\sqrt[3]{-2b^3+9abc-27a^2d+\sqrt{4(-b^2+3ac)^3+(-2b^3+9abc-27a^2d)^2}}}{6\sqrt[3]{2}\,a}$$

$$+\frac{(1+\sqrt{3}\,i)(-b^2+3ac)}{3\sqrt[3]{4}\,a\cdot\sqrt[3]{-2b^3+9abc-27a^2d+\sqrt{4(-b^2+3ac)^3+(-2b^3+9abc+27a^2d)^2}}}-\frac{b}{3a}$$

$$x_3 = \frac{(1+\sqrt{3}\,i)\cdot\sqrt[3]{-2b^3+9abc-27a^2d+\sqrt{4(-b^2+3ac)^3+(-2b^3+9abc-27a^2d)^2}}}{6\sqrt[3]{2}\,a}$$

$$+\frac{(1-\sqrt{3}\,i)(-b^2+3ac)}{3\sqrt[3]{4}\,a\cdot\sqrt[3]{-2b^3+9abc-27a^2d+\sqrt{4(-b^2+9abc+27a^2d)^2}}}-\frac{b}{3a}$$

4차 방정식 근의 공식

$cx^4+bx^3+cx^2+dx+e=0\,(a\neq0)$에서

$$P=\frac{b}{4a}$$

$$Q=\frac{2c}{3a}$$

$$R=c^2-3bd+12ae$$

$$S=2c^2-9bcd+27ad^2+27eb^2-72ace$$

$$T=\frac{b^3}{a^3}+\frac{4bc}{a^2}-\frac{8d}{a}$$

$$V=\frac{\sqrt[3]{2}\,R}{3a\sqrt[3]{S+\sqrt{-4R^3+S^2}}}+\frac{\sqrt[3]{S+\sqrt{-4R^3+S^2}}}{3\sqrt[3]{2}\,a}$$

x는

$$x_1 = -P - \frac{1}{2}\sqrt{4P^2 - Q + V} - \frac{1}{2}\sqrt{8P^2 - 2Q - V - \frac{T}{4\sqrt{4P^2 - Q + V}}}$$

$$x_2 = -P - \frac{1}{2}\sqrt{4P^2 - Q + V} + \frac{1}{2}\sqrt{8P^2 - 2Q - V - \frac{T}{4\sqrt{4P^2 - Q + V}}}$$

$$x_3 = -P + \frac{1}{2}\sqrt{4P^2 - Q + V} - \frac{1}{2}\sqrt{8P^2 - 2Q - V - \frac{T}{4\sqrt{4P^2 - Q + V}}}$$

$$x_4 = -P + \frac{1}{2}\sqrt{4P^2 - Q + V} + \frac{1}{2}\sqrt{8P^2 - 2Q - V - \frac{T}{4\sqrt{4P^2 - Q + V}}}$$

아벨[Niels Henrik Abel]과 갈로와[Evariste Galois]는 후에 5차 방정식부터는 근의 공식이 없음을 증명했다.

요즘은 5차 이상의 고차방정식은 전자계산기 또는 프로그램, 패키지를 이용해 시간적 무리없이 구할 수 있다. 특히 실근이 아닌 허근이 나올 때에는 검산을 할 겸해서 확인하고 있으며 다음과 같다.

$2x^6 + 5x^5 - 3x^3 + 7x + 4 = 0$을 풀어보면 다음과 같다.

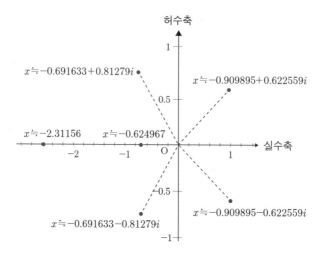

복소평면 위에 실근 2개와 허근 2개를 나타냈다. 근의 공식으로는 풀기가 무리한 근임을 알 수 있다.

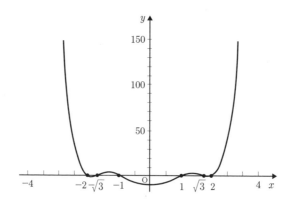

좌표평면 위에 6개의 실근을 나타낼 수 있다.

위의 6차 방정식은 인수분해도 가능한 방정식이지만 허근이 없기 때문에 곡선이 있는 함수의 그래프가 그려진다.

$x^5 - 1 = 0$, $x^{10} - 1 = 0$, $x^{100} - 1 = 0$은 각각 5차, 10차, 100차 방정식으로, 이를 그래프로 보면서 비교해보자.

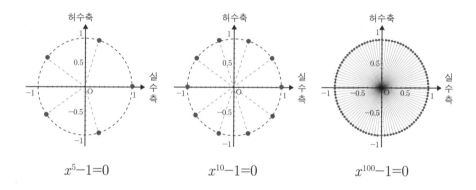

$$x^5 - 1 = 0 \qquad x^{10} - 1 = 0 \qquad x^{100} - 1 = 0$$

복소평면에서 실근과 허근이 뚜렷히 보일 것이다. 특히 $x^{100} - 1 = 0$은 실근이 -1과 1 외에 98개의 허근이 있으므로 원 모양으로 점이 모여 있는 것도 알 수 있다.

케일리-해밀턴의 정리

$$A = \begin{pmatrix} a & b \\ c & d \end{pmatrix} \text{일 때}$$

$$A^2 - (a+d)A + (ad-bc)E = O$$

만일 내가 다른 사람들보다 조금이라도 멀리 내다볼 수 있었다고 한다면
그것은 내가 거인들의 어깨 위에 서 있기 때문이다.

뉴턴

케일리

해밀턴

1821년 케일리와 해밀턴이 공동으로 발표한 케일리-해밀턴의 정리는 행렬을 소개할 때 등장했다.

변호사에서 수학자로 직업을 바꾼 케일리는 1,000여 편에 가까운 논문을 발표했으며, 다차원 공간의 기하학과 타원 함수론, 행렬의 이론이 나오는 데 기여했다.

아일랜드의 수학자이며 해밀턴 회로와 케일리-해밀턴의 정리로 유명한 해밀턴은 과학과 수학에 두루 업적을 남겼다. 특히 영국의 수학자인 케일리와 함께 행렬의 창시자로 알려져 있다.

케일리-해밀턴의 정리는 행렬의 복잡한 다항식의 규칙을 찾아 쉽게 푸는 데 중요한 역할을 한다. 또한 방정식의 풀이에도 쓰이는 유용한 공식이다.

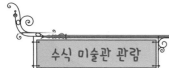

케일리－해밀턴의 정리에 대한 증명은 다음과 같다.

$$A = \begin{pmatrix} a & b \\ c & d \end{pmatrix} \text{ 일 때 } A^2 - (a+d)A + (ad-bc)E = O$$

$$A^2 - (a+d)A + (ad-bc)E$$

$$= A^2 - (a+d)A + adE - bcE$$

$$= (A - aE)(A - dE) - bcE$$

$$= \begin{pmatrix} 0 & b \\ c & d-a \end{pmatrix}\begin{pmatrix} a-d & b \\ c & 0 \end{pmatrix} - \begin{pmatrix} bc & 0 \\ 0 & bc \end{pmatrix}$$

$$= \begin{pmatrix} bc & 0 \\ 0 & bc \end{pmatrix} - \begin{pmatrix} bc & 0 \\ 0 & bc \end{pmatrix}$$

$$= O$$

케일리－해밀턴의 공식을 적용해보자.

$A = \begin{pmatrix} 2 & -3 \\ 1 & -1 \end{pmatrix}$를 풀어보면 케일리－해밀턴의 공식에 의해 다음과 같은 결과가 나온다.

$$A^2-(2-1)A+(2\times(-1)-(-3)\times1)E=O$$

간단히 계산하면

$$A^2-A+E=O$$

양변에 $A+1$을 곱하면

$$(A+1)(A^2-A+E)=O$$

전개한 후 정리하면

$$A^3+E=O$$

$$A^3=-E$$

A^{100}을 알기 위해서는 일일이 다 계산하기는 어려울 것이다. 그렇지만 케일리-헤밀턴의 공식을 이용하면 A^3이 $-E$라는 것을 알았으니 $A^{100}=(A^3)^{33}\times A=(-E)^{33}\times A=-E\times A=-A$라는 것을 알 수 있다.

세계지도를 4가지 색만으로
칠할 수 있을까?

-케일리와 해밀턴이 제시한 증명을 컴퓨터 프로그램으로 해결하다!

색연필로 그림을 그린 후 색칠을 하거나 컬러링북을 색칠한 경험은 누구나 가지고 있을 것이다. 그때를 떠올리며 오랜 세월 수많은 수학자들을 좌절하게 했던 4색 정리를 살펴보자. 일견 단순하게 보이는 4색 정리를 해결한 유일한 이가 컴퓨터임을 기억하면서 말이다.

1852년 영국의 대학원생이던 프랜시스 구드리는 영국의 지도를 색칠하다가 서로 다른 영역을 4가지 색으로만 칠할 수 있을지 고민하게 되었다. 그리고 성공한 그는 이를 다른 나라에도 적용해볼 수 있을지 궁금해졌다. 하지만 이 명제에 대한 정확한 확증이 없었다.

그는 궁리 끝에 당시 위대한 수학자로 꼽히던 드 모르간에게 문의했지만 증명할 수 없었다. 드 모르간은 고심 끝에 해밀턴에게 문의하게 되었다.

4색 정리의 기본 전제는 다음과 같다.

'색으로 지도를 구별하는 데 필요충분한 색의 수는 4가지이다'

'두 곡선이 인접했을 때 서로 같은 색을 칠할 수 있다'

이는 서로 같은 색이 이웃하면 안 되지만 한 점에서 만나는 부분에서는 같은 색이 있어도 된다는 기준을 가지고 있었다.

4색 문제는 수학계의 관심사로 떠올랐다. 그리고 힐베르트를 비롯해 수많은 수학자들이 도전했지만 증명하지는 못했다.

1852년 처음 소개된 이 문제는 1976년이 되어서야 일리노이 대학의 애펠과 하켄 교수가 공동으로 컴퓨터 프로그램을 활용하여 1936종류의 지도를 연구한 뒤 해결되었다. 120여 년 간 수많은 수학자들을 괴롭힌 문제가 컴퓨터의 도움을 받아 증명된 것이다.

케일리-해밀턴도 이 문제에 도전했던 수학자도 4색 문제 해결에 어느 정도의 공헌이 인정되고 있다. 지금도 스스로 풀어볼 수 있는 4색 문제는 많다. 복잡한 지도가 아니라면 충분히 할 수 있다.

이제 직접 4색 정리를 해보자. 아래 그림 중 7개의 구간을 위의 명제대로 여러분이 좋아하는 4가지 색깔로 칠해보자. 그러고 나서 서울 지도에도 도전해보자.

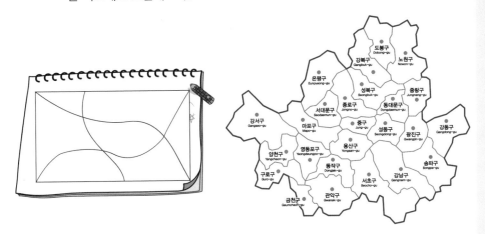

다음은 임의의 4가지 컬러로 칠한 것이다.

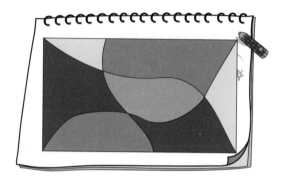

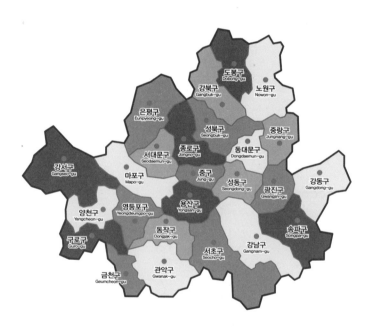

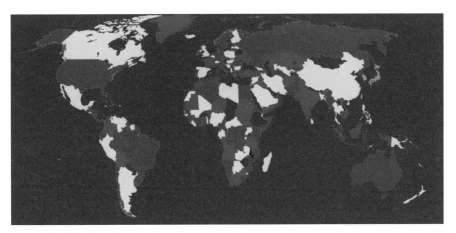

4색 정리에 따른 세계지도

드 모르간의 법칙

드 모르간의 법칙은

집합과 논리에서 쓰이는데, 그 맥은 같지만

수학적 기호만 달리하여 정의한다.

$$(P \cup Q)^c = P^c \cap Q^c \quad \text{드 모르간의 제1법칙}$$

$$(P \cap Q)^c = P^c \cup Q^c \quad \text{드 모르간의 제2법칙}$$

드 모르간

시험과 경쟁을 싫어했던 드 모르간은 수학으로 학사를 받은 것이 아니라 문학으로 학사 학위를 받았다.

또한 대학에 다니면서 수학 논문을 단 한편도 내지 않았음에도 22세에 런던대학 수학 교수가 되어 30여 년 동안 생생한 수학 강의로 이름을 알리고 학장까지 지낸 재미있는 인물이다.

수학의 역사를 알아야 수학이 발전한다고 믿었던 그는 수학을 좀 더 쉽게 이해할 수 있는 방법에 대해서도 연구했다. 그의 이러한 연구는 현대 논리학의 토대가 되는 논리와 수학적 귀납법과 극한에 대한 정의로 발전해 수학 발전에 큰 공헌을 했다.

집합에서 드 모르간의 법칙은 벤 다이어그램으로 나타내면 쉽게 증명할 수 있다. 드 모르간의 제1법칙을 그림으로 나타내보자.

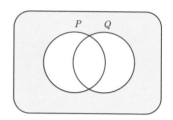

$(P \cup Q)^c$은 P와 Q를 합한 집합의 여집합을 의미하는 것으로, 오른쪽 그림과 같다. 노란 바탕에 해당하는 부분이 $(P \cup Q)^c$가 되는 것이다. 등호의 우변에 있는 $P^c \cap Q^c$을 벤 다이어그램으로 그려보아서 등식이 성립하면 증명이 되는데 우선 P^c과 Q^c을 각각 그린 후 교집합을 찾으면 된다.

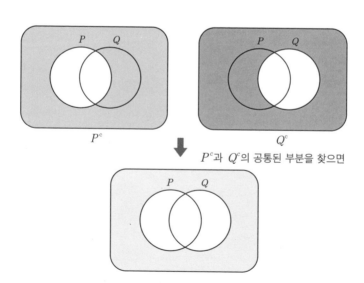

P^c

Q^c

P^c과 Q^c의 공통된 부분을 찾으면

따라서 좌변과 우변의 벤 다이어그램 그림의 결과는 같다.
그리고 진리에서 드 모르간의 법칙은 다음처럼 정의한다.

$$\overline{A \cdot B} = \overline{A} + \overline{B} \qquad \text{드 모르간 제1법칙}$$

$$\overline{A + B} = \overline{A} \cdot \overline{B} \qquad \text{드 모르간 제2법칙}$$

드 모르간 제1법칙은 논리곱을 논리합으로, 드 모르간 제 2법칙은 논리합을 논리곱으로 나타낸 것이다.

논리 연산은 간단하며, 1+1은 2가 아닌 1인 것만 주의하고, 나머지를 연산해 진리표를 그리면 아래처럼 드 모르간의 법칙이 증명되는 것을 한 눈에 알 수 있다.

A	B	A+B	$A \cdot B$	$\overline{A}$	$\overline{B}$	$\overline{A+B}$	$\overline{A} \cdot \overline{B}$	$\overline{A \cdot B}$	$\overline{A} + \overline{B}$
0	0	0	0	1	1	1	1	1	1
0	1	1	0	1	0	0	0	1	1
1	0	1	0	0	1	0	0	1	1
1	1	1	1	0	0	0	0	0	0

그렇다면 '이러한 논리곱과 논리합은 과연 어디에 쓰이는 걸까?' 가장 많이 쓰이는 곳은 집합의 기본 성질이다. 또 연산 장치의 중요한 회로로 논리 회로에 사용한다.

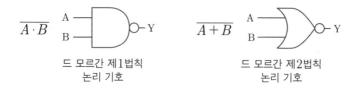

$$\overline{A \cdot B}$$

드 모르간 제1법칙
논리 기호

$$\overline{A + B}$$

드 모르간 제2법칙
논리 기호

이러한 논리회로는 반도체를 만드는 데 필요한 구성원이며, 이 반도체는 스마트폰, TV, 세탁기, 라디오, 프린터, 팩스, 차량에 들어가는 전장부품, 인공지능 로봇, 드론까지 다양하게 쓰인다.

헤론의 공식

삼각형의 세 변의 길이

a, b, c가 주어지고

$s = \dfrac{a+b+c}{2}$ 로 할 때,

삼각형의 넓이 S는

$S = \sqrt{s(s-a)(s-b)(s-c)}$ 이다.

헤론

고대시대 최고의 실험가였던 헤론은 고대 공학 분야에 많은 업적을 남겼으며 《공기역학》과 《기계학》 《기체학》 등의 저서를 집필했다.

그의 저서 중 《측정학》에는 헤론의 공식이 담겨 있는데, 실생활에 필요한 과학을 추구했던 그의 업적 중 수학적 업적으로 단연 꼽히는 부분이다.

실용성을 추구하던 고대 과학의 전통을 대표하는 과학자답게 헤론의 공식은 삼각형의 세 변의 길이가 주어질 때 용이하게 그 넓이를 구할 수 있는 획기적 공식이다.

헤론의 공식에 대한 증명은 다음과 같다.

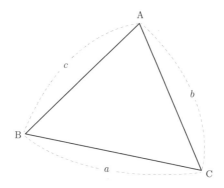

위의 그림처럼 세 변의 길이가 주어졌다. 그러면 삼각형의 넓이를 구할 수 있을까?

답은 '구할 수 있다'이다. 헤론의 공식을 구하면 구할 수 있는 것이다.

결론적으로는 간단한 수식으로 대입을 하면 삼각형의 넓이를 구할 수 있지만 삼각함수의 공식이 들어가면서 증명을 해야 하는 어려움이 있다.

$$S = \frac{1}{2}ab\sin C$$

$$= \frac{1}{2}ab\sqrt{1 - \cos^2 C}$$

인수분해 후 cos법칙을 적용하면

$$= \frac{1}{2}ab\sqrt{\left(1 + \frac{a^2 + b^2 - c^2}{2ab}\right)\left(1 - \frac{a^2 + b^2 - c^2}{2ab}\right)}$$

제곱근 안의 식을 계산한 후 분모를 밖으로 끄집어 내면

$$= \frac{ab}{4ab}\sqrt{\{(a+b)^2 - c^2\}\{c^2 - (a-b)^2\}}$$

간단히 하면

$$= \frac{1}{4}\sqrt{(a+b+c)(-a+b+c)(a-b+c)(a+b-c)}$$

$s = \frac{a+b+c}{2}$ 로 놓고 정리하면

$$= \sqrt{s(s-a)(s-b)(s-c)}$$

아폴로니우스의 중선정리

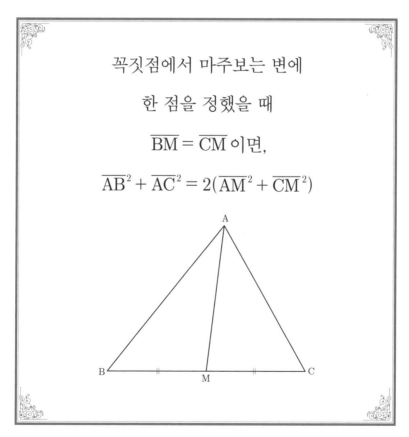

꼭짓점에서 마주보는 변에

한 점을 정했을 때

$\overline{BM} = \overline{CM}$ 이면,

$$\overline{AB}^2 + \overline{AC}^2 = 2(\overline{AM}^2 + \overline{CM}^2)$$

우리나라에서는 파푸스의 중선정리로 알려져 있으나 실제로는 아폴로니우스의 중선정리이며, 삼각형의 유명한 정리 중 하나이다

아폴로니우스

아르키메데스, 유클리드와 함께 그리스의 3대 수학자로 꼽히는 아폴로니우스는 기원전 3세기의 사람으로, 중선정리보다는 원뿔곡선론으로 유명하다.

원뿔곡선론은 2000여 년 동안 관심을 받지 못하다가 17세기경 수학과 과학이 접목되면서 주목받기 시작했다. 그중에서도 케플러의 타원 운동, 갈릴레이의 포물선 운동, 토리첼리의 쌍곡선은 영향을 크게 받은 것으로 유명하며, 현대 수학에도 활발하게 적용되어 인공위성 암호나 위성 안테나 등에도 응용되고 있다.

원뿔곡선론에 관한 그림은 오른쪽과 같다.

원뿔을 단면으로 잘랐을 때 자르는 방향에 따라 타원과 포물선, 쌍곡선 모양이 된다.

브라보콘이나 꼬깔 모자가 있다면 직접 한번 잘라보기를 바란다.

좌표평면을 이용하여 증명하는 방법은 다음과 같다.

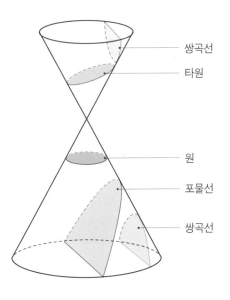

쌍곡선
타원
원
포물선
쌍곡선

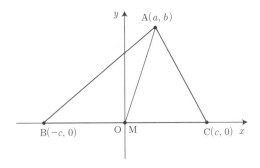

좌표평면으로 정확한 점을 나타내면 점 A는 (a, b), 점 B는 $(-c, 0)$. 점 M은 원점이므로 $(0, 0)$, 점 C는 $(c, 0)$이다.

$\overline{AB}^2 + \overline{AC}^2 = 2(\overline{AM}^2 + \overline{CM}^2)$이 성립하는지를 보기 위해 두 점 간의 거리를 구한다.

$$\overline{AB} = \sqrt{(a+c)^2 + b^2}$$

$$\overline{AC} = \sqrt{(a-c)^2 + b^2}$$

$$\overline{AM} = \sqrt{a^2 + b^2}$$

$$\overline{CM} = \sqrt{c^c} = c$$

$\overline{AB}^2 + \overline{AC}^2 = 2(\overline{AM}^2 + \overline{CM}^2)$에서 좌변을 나타내면

$$\overline{AB}^2 + \overline{AC}^2 = (a+c)^2 + b^2 + (a-c)^2 + b^2 = 2a^2 + 2b^2 + 2c^2 \quad \cdots ①$$

우변을 나타내면

$$2(\overline{AM}^2 + \overline{CM}^2) = 2(a^2 + b^2 + c^2) = 2a^2 + 2b^2 + 2c^2 \quad \cdots ②$$

①=②이므로 성립한다.

중선정리는 스튜어트의 정리를 탄생시켰는데, 공식은 다음과 같다.

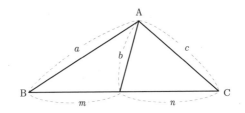

$$na^2 + mc^2 = (m+n)(mn+b^2)$$

로피탈의 정리

미분가능한 함수 $f(x), g(x)$에서

$\dfrac{f(x)}{g(x)}$ 가 $\dfrac{0}{0}$ 또는 $\dfrac{\infty}{\infty}$ 형태일 때

$\displaystyle\lim_{x \to a} \dfrac{f(x)}{g(x)} = \lim_{x \to a} \dfrac{f'(x)}{g'(x)}$ 가 성립한다.

로피탈

로피탈의 정리는 이름만 들어보면 로피탈이 개발한 것처럼 보인다. 그런데 사실 요한 베르누이가 개발한 것이며 로피탈은 자신의 논문에 요한 베르누이의 정리를 소개하고 학계에 알렸을 뿐이다. 그래서 베르누이의 규칙이라고도 불린다.

로피탈의 정리는 극한에서도 필요하다.

분수를 약분하듯이 분모와 분자를 미분하여 극한값을 쉽게 찾아내기 때문에 계산의 간단함으로 인해 극한의 미적분에서도 이용할 수밖에 없다. 그러나 답이 안 나올 때가 있다는 단점이 있다. 지름길로 가려다 오히려 사고를 당하는 수가 있다는 의미다.

그래서 로피탈의 정리를 만능공식으로 잘못 아는 이들은 다시 생각하기를 바라며 극한값의 검토를 할 때 사용하길 권장한다.

증명은 다음과 같다.

$$\lim_{x \to a} \frac{f(x)}{g(x)} = \lim_{x \to a} \frac{f(x) - f(a)}{g(x) - g(a)}$$

$$= \lim_{x \to a} \frac{\dfrac{f(x) - f(a)}{x - a}}{\dfrac{g(x) - g(a)}{x - a}} = \frac{f'(a)}{g'(a)} \quad (\text{단}, \, g'(a) \neq 0) \;\; \textbf{증명 끝}$$

이 성질은 $x \to \infty$일 때도 성립한다.

로피탈의 정리에 좋은 예는 다음과 같다.

$$\lim_{x \to 0} \frac{\sin x}{\cos x - e^x}$$

로피탈의 정리로 계산할 때는 원칙적으로는 기호 $\doteq$를 사용한다.

$$\lim_{x \to 0} \frac{\sin x}{\cos x - e^x} \doteq \lim_{x \to 0} \frac{\cos x}{-\sin x - e^x} \doteq \frac{1}{0 - 1} = -1$$

이 복잡한 극한값의 계산을 간단하게 하는 마법이 바로 로피탈의 정리 혹은 베르누이의 규칙인 것이다.

오일러의 다면체 정리

다면체에서 다음과 같은 공식이 성립한다.

$$v-e+f=2$$

수학은 올바른 시각으로 보면 진실뿐 아니라
궁극의 아름다움, 즉 조각과도 같은 냉철하고도 엄격한 미를 담고 있다.

버트런드 러셀

오일러는 수학·천문학·물리학·의학·식물학·화학 등 광범위한 과학 분야에서 수많은 업적을 남긴 스위스의 수학자이다. 미적분학을 발전시키고, 변분학을 창시했으며, 대수학·정수론·기하학 등 수학의 여러 분야에서 활약한 천재이다.

오일러

그는 천부적인 기억력과 강인한 정신력으로 시각장애인이 된 후에도 연구를 계속한 열정적인 학자이기도 했다.

오일러의 수학적 업적 중 다면체 정리는 특히 유명하다. 다면체란 아래 그림처럼 다각형으로 둘러싸인 입체도형이다.

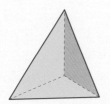
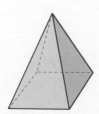
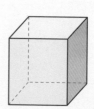

수학자 오일러는 다면체란 입체도형에 하나의 공식을 적용하고 정리했는데, 그것이 다면체 정리이다. 꼭짓점의 개수를 v, 모서리의 개수를 e, 면의 개수를 f로 하면 $v-e+f=2$가 항상 성립한다.

104쪽 그림을 살펴보면 사면체는 꼭짓점의 개수 $v=4$, 모서리의 개수 $e=6$, 면의 개수 $f=4$이므로 $v-e+f=4-6+4=2$가 성립한다.

다면체의 면의 개수가 100개, 1000개, 10000개⋯로 계속 늘어나도 이 공식은 성립한다. 단순한 것 같지만 창의적 사고력을 발휘하지 않으면 발견하기 어려운 이 공식을 오일러는 발견한 것이다.

그런데 구 또는 원기둥, 원뿔은 왜 오일러의 다면체 정리가 적용되지 않을까?

우선, 구 또는 원기둥, 원뿔은 다면체가 아니다. 다면체는 평면으로 둘러싸여야 하는데 입체도형은 곡면을 포함하므로 오일러의 다면체 정리는 적용되지 않는다.

프톨레마이오스의 정리

내접사각형의

두 대각선 길이의 곱은

두 쌍의 대변의 길이의 곱의 합이다.

$$\overline{AB} \times \overline{CD} + \overline{AD} \times \overline{BC} = \overline{BD} \times \overline{AC}$$

(명제의 역도 성립하는 정리이다)

프톨레마이오스

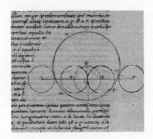

《알마게스트》 본문 중

프톨레마이오스의 세계지도 목판본
요하네 슈니처(Johane Schnitzer 1482)
작품

고대 그리스의 수학자이자 천문학자, 지리학자, 점성학자였던 프톨레마이오스는 우리에게 천동설로 잘 알려져 있다.

비록 천동설은 잘못된 이론이었지만 그는 다양한 과학 분야에 많은 영향을 주었고 그의 수많은 저서 중 특히 《알마게스트》는 유럽과 아랍에 큰 영향을 미쳤다.

그가 수학 분야에서 특히 두드러진 업적을 남긴 기하학 분야는 지금도 여전히 활발하게 이용되고 있으며 그중 대표적인 것이 프톨레마이오스의 정리이다. 국내에는 톨레미의 정리로 알려져 있다.

프톨레마이오스의 정리에 대한 증명은 다음과 같다.

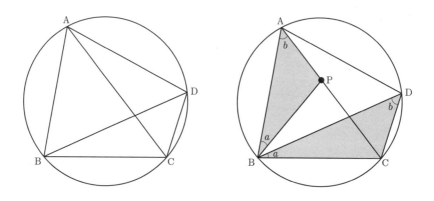

원 위에 점 A, B, C, D를 임의로 정한 후 ∠ABP = ∠DBC가
성립하도록 점 P를 정한다. ∠BAC = ∠BDC이므로 △ABP∽
△DBC(서로 닮음)이다.

$$\overline{AB} : \overline{AP} = \overline{BD} : \overline{CD} \Rightarrow \overline{AB} \times \overline{CD} = \overline{AP} \times \overline{BD} \quad \cdots ①$$

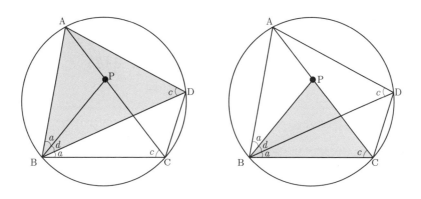

△ABD와 △PBC도 서로 닮음이므로 다음과 같이 나타낼 수 있다.

$$\overline{AD} : \overline{BD} = \overline{PC} : \overline{BC} \Rightarrow \overline{AD} \times \overline{BC} = \overline{BD} \times \overline{PC} \quad \cdots ②$$

$$\overline{AB} : \overline{AP} = \overline{BD} : \overline{CD} \Rightarrow \overline{AB} \times \overline{CD} = \overline{AP} \times \overline{BD} \quad \cdots ①$$
$$+ \qquad\qquad + \qquad\qquad +$$
$$\overline{AD} : \overline{BD} = \overline{PC} : \overline{BC} \Rightarrow \overline{AD} \times \overline{BC} = \overline{BD} \times \overline{PC} \quad \cdots ②$$
$$\parallel \qquad\qquad \parallel \qquad\qquad \parallel$$

$$\overline{AB} \times \overline{CD} + \overline{AD} \times \overline{BC} = \overline{AP} \times \overline{BD} + \overline{BD} \times \overline{PC}$$

$$= \overline{BD} \times (\overline{AP} + \overline{PC})$$

$$= \overline{BD} \times \overline{AC}$$

원과 다각형, 직선의 원리

프톨레마이오스의 정리에서 나타나는 증명 방법은 이미 고대 수학에서는 널리 알려진 이론이다. 또한 증명과 성질의 연구가 활발히 이루어져, 지금도 다른 도형을 증명하는 데 많이 이용되는 도구이다. 특히 바퀴를 연구할 때 많이 이용되며 이때 원과 다각형과 직선에 대한 기본적 성질들의 설명에 쓰인다.

이는 다음과 같다.

(1) 호에 대한 중심각의 크기는 원주각의 2배이다.

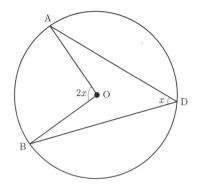

(2) 하나의 호에 관한 원주각의 크기는 항상 같다.

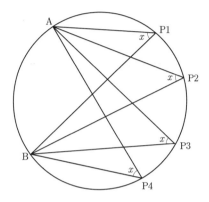

(3) 원에 내접하는 사각형이 있을 때, 서로 마주보는 한 쌍의 대각
의 크기의 합은 $180°$ 이다.

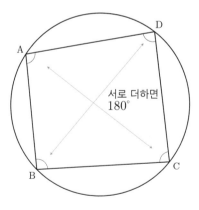

(4) 원에 내접하는 사각형이 있을 때, 그 접하는 사각형의 한 외각의 크기는 내대각의 크기와 같다.

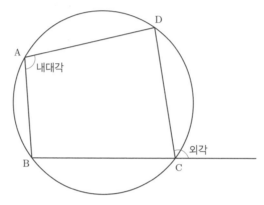

내대각의 크기＝외각의 크기

(5) 원 안에 점 P를 지나는 두 개의 직선이 있을 때, 다음식이 성립한다.

$$\overline{PA} \times \overline{PC} = \overline{PB} \times \overline{PD}$$

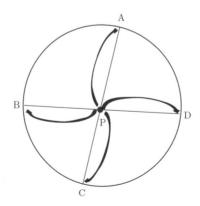

⑹ 원 밖의 한 점 P에서 원에 접선과 할선을 그었을 때, 할선의 길이와 접선의 길이는 다음의 관계가 성립한다.

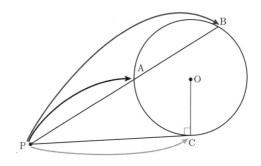

$$\overline{PC^2} = \overline{PA} \times \overline{PB}$$

리만의 적분 공식

$f(x)$를 $[a, b]$에서

n개의 작은 구간으로 나누어

적분 공식으로 나타내면

$$S = \lim_{|\Delta| \to 0} \sum_{i=1}^{n} f(\xi_i) \Delta x_i = \int_a^b f(x) \, d(x)$$

창세기의 정확성을 수학적으로 증명하고 싶어 했고 목사임에도 수학을 좋아해 수학자의 길로 들어선 리만의 업적은 대표적인 것을 하나만 꼽을 수가 없을 정도로 많다.

리만

그는 해석학, 미분기하학 분야에 커다란 발자취를 남기고, 리만 가설, 리만 적분, 코시-리만 방정식, 리만 제타 함수, 리만 다양체 등등의 수학 용어에 당당하게 자신의 이름을 올렸으며 그중 리만 기하학은 일반상대성이론의 증명에 쓰일 정도로 큰 업적이었다.

수학의 왕자로 불리는 가우스가 리만의 박사학위 논문에 대논문이라고 끝없는 찬사를 할 정도로 천재적인 수학자였던 리만은 물리학 분야에도 관심을 가지면서 이론물리학과 물리학에서 사용하는 편미분학 연구를 시작했다. 하지만 수줍음 많고 신경쇠약에 걸릴 정도로 여렸던 그는 40살도 채우지 못하고 요절했다.

리만은 여러 구적법에 대한 연구로 유명하다. 적분 공식이 없던 시대여서 도식화하여 넓이를 증명하는 방법을 주로 사용했는데 이를 적용한 예가 포물선의 삼각형에 대한 소진법이다.

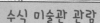

리만의 적분 공식을 살펴보자.

노란색 삼각형 ABC의 넓이를 a로 했을 때 2개의 빨간 삼각형 부분의 넓이를 더하면 노란 삼각형 넓이의 $\frac{1}{4}$이 된다. 계속해서 빨간 삼각형의 두 개의 변에 각각 4개의 삼각형을 그려넣어 더욱 촘촘하

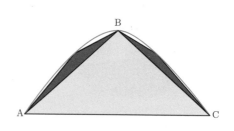

게 만들면 빨간 삼각형의 $\frac{1}{4}$임을 알게 될 것이다. 이는 이미 증명된 것으로, 이를 무한등비급수로 나타내면 다음과 같다.

$$a + \frac{1}{4}a + \left(\frac{1}{4}\right)^2 a + \left(\frac{1}{4}\right)^2 a + \cdots = \frac{a}{1 - \frac{1}{4}} = \frac{4}{3}a$$

따라서 노란색 삼각형 ABC의 넓이가 a이면 착출법으로 계산된 포물선의 넓이가 $\frac{4}{3}a$가 되는 것을 알 수 있다. 착출법은 소젖을 짜는 것처럼 계속 계산하기 때문에 붙은 명칭이다.

이러한 아이디어로 진보한 것이 구분구적법이다.

리만의 적분 정리는 기원 전에도 이미 있었지만 리만이 최초로 공식으로 정리하고, 정형화했다.

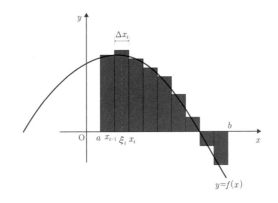

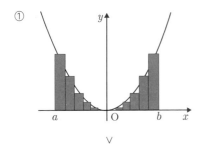

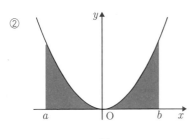

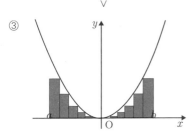

적분은 리만 공식을 이용해 수학적으로 나타내면서 정형화한 공식이 되었다. 복잡한 적분 문제라도 작은 구간으로 나누어 모두 더해 넓이를 구하는 방법이 완성된 것이다.

왼쪽과 같이 색칠한 포물선 아래 넓이를 구하고자 한다면 ②번 그림이 정확한 넓이가 된다. 결국 정확한 넓이를 구하기 위해 적분은 오차가 매우 작은 넓이의 근삿값을 구하는 것이 된다.

페르마의 마지막 정리

$$x^n + y^n = z^n$$

$$(n > 2)$$

이 방정식을 만족하는

정수해 x, y, z는 존재하지 않는다.

수학 전체는 무섭도록 복잡하다. 오랜 생각 끝에도 문제는 항상 불분명해
진다. 모든 것은 추측일 뿐이다.

하이젠베르크

가장 위대한 아마추어 수학자로 꼽히는 피에르 드 페르마의 직업은 변호사이자 재판관, 고전문학자, 언어학자에 이르기까지 다양하다. 아마추어 수학자임에도 그가 유명한 것은 수학자로서의 탁월한 능력을 발휘한 수많은 정리들 때문이다.

페르마

수많은 수학자들이 근대 정수론의 장을 열었다고 평가받는 페르마의 정리를 증명하기 위해 노력했다. 그리고 마지막까지 수학자들을 긴장시킨 것이 바로 악마의 홀림이란 평을 듣던 페르마의 마지막 정리이다.

페르마는 디오판토스의 산수론을 보며 $a^2+b^2=c^2$이 성립한다면 지수가 2보다 큰 수일 경우에도

페르마의 마지막 정리가 나오게 된 《디오판토스의 산술》

$a^3+b^3=c^3$이라는 관계식이 성립하는지 궁금했다. 하지만 증명 과정은 생략한 채 산수론의 여백에 증명했다는 말만 적어두었다.

그의 불친절한 연구 중에서도 이 페르마의 마지막 정리는 수많은 수학자들을 좌절시켰다. 평소 수학자들에게 자신은 증명했노라며 놀리는 것을 즐기던 페르마의 수많은 정리들은 계속해서 증명되었지만 이것만은 350여 년 동안 전혀 풀리지 않아 페르마 또한 증명하지 못했을 것이라는 이야기까지 나올 정도였다. 덕분에 수학적 증명이 얼마나 어려운지 알려주는 대표적 문제가 되었다.

상금이 걸리고 수많은 사람들의 도전을 받았던 세기의 문제는 1993년 영국의 수학자 앤드류 와일즈가 증명에 성공했다.

하지만 오류가 발견되면서 그 오류를 해결하는 데 1년이 걸려 만 40세 이하에게만 수상되는 필즈상 수상은 불발되었다.

페르마는 확률 이론과 미적분을 비롯해 수학사에 많은 기여를 했다. 하지만 그는 단지 취미로 수학을 연구하며 수학자들 놀리기를 즐겼을 뿐 증명법이나 연구결과를 남기지는 않았다. 이는 수학자들을 자극해 결과적으로는 수학의 발전에 이바지하게 된다.

현재 남아 있는 그의 정리들은 편지와 여백에 남긴 낙서 수준의 내용을 페르마 사후 그의 아들이 발견해 정리해 내놓은 것들이다.

토머스 해리엇의
인수분해

(1) $ma + mb = m(a + b)$

(2) $a^2 + 2ab + b^2 = (a + b)^2$

(3) $a^2 - 2ab - b^2 = (a - b)^2$

(4) $a^2 - b^2 = (a + b)(a - b)$

(5) $x^2 + (a + b)x + ab = (x + a)(x + b)$

(6) $acx^2 + (ad + bc)x + bd = (ax + b)(cx + d)$

수학의 뼈대에 해당하는 분야를 꼽으라면 인수분해와 함수를 들 수 있다. 직접적으로 생활에 쓰이지는 않지만 자연과학을 공부하거나 관련된 일을 하고 싶다면 인수분해는 반드시 이해하고 있어야 할 만큼 수학의 기본 중 기본인 것이다.

토머스 해리엇

이처럼 중요한 인수분해의 공식은 영국의 수학자이자 천문학자인 토머스 해리엇이 발견했다. 그는 방정식 연구로 유명하며, 인수분해를 이용한 최초의 인물로, 부등기호를 도입하고 방정식의 해법을 포함하는 대수학에 공헌했다.

또한 그는 갈릴레이 갈릴레오와 비슷한 시기에 망원경으로 달을 관찰하고 기록을 남겼으며 태양의 흑점과 목성의 위성도 발견했다.

목성과 대표적 위성들

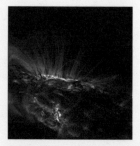

태양 흑점

인수분해는 하나의 다항식을 두 개 이상의 다항식의 곱으로 묶어 나타내는 것이다.

인수분해는 식의 전개의 반대의 개념으로 방정식의 근을 구하는 데에도 유용하며, 함수의 좌표를 구하는 데에도 많이 쓰인다.

방정식에서 해를 구하는 방법은 인수분해, 근의 공식, 완전제곱식, 조립제법 등이 있는데, 그중 인수분해를 통해 근을 구하는 경우가 많다.

지수와 지수법칙

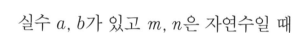

실수 a, b가 있고 m, n은 자연수일 때

(1) $a^0 = 1$ (지수에 0이 오면 1이 된다)

(2) $a^m a^n = a^{m+n}$ (곱하면 지수끼리 더한다)

(3) $(ab)^n = a^n b^n$ (곱의 전체 제곱은 각각 제곱할 수 있다)

(4) $\left(\dfrac{a}{b}\right)^n = \dfrac{a^n}{b^n}$ (분수의 전체 제곱은 각각 제곱할 수 있다)

(5) $a^n \div a^m = a^{n-m}$ (나누면 지수끼리 뺀다)

(6) $\displaystyle\lim_{x \to \infty} e^x = \infty$, $\displaystyle\lim_{x \to -\infty} e^x = 0$

인체의 혈액 내 적혈구 수는 25000000000000(개)이다. 지수를 이용하여 이를 간단히 나타내면 2.5×10^{13}(개)이다. 지구와 태양까지의 거리 150000000(km)도 1.5×10^{8}(km)로 간단히 나타낼 수 있다.

이렇게 지수는 큰 수를 손쉽게 표현할 수 있도록 해줌으로써 많은 것들을 가능하게 만들었다. 소인수분해, 최소공배수, 최대공약수와 여러 함수 계산 등에 광범위하게 쓰이는 것뿐만 아니라 천문학, 물리학에도 큰 영향을 주고 있는 것이다.

아르키메데스와 디오판토스가 처음으로 정수의 범위에서 지수법칙을 증명하고 정리했다. 1544년에 슈피켈이 지수법칙을 실수의 범위 안에서 연구해 진일보시킨 내용을 《산술총서^{Arithmetica} ^{integra}》에 소개하면서 지수에 관한 명칭이 정립되었다.

그후 스테빈, 데카르트, 뉴턴에 의해 지수의 나눗셈과 지수법칙의 유리수 연구가 활발하게 이루어지면서 현재와 비슷한 지수법칙을 형성하게 되었다.

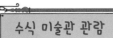

지수법칙은 다음과 같다.

(1) $a^0 = 1$

모든 지수법칙의 출발이다. 자연수를 포함한 실수 a를 거듭 제곱하면 $a \times a = a^2$이다. 그리고 세 번 거듭제곱(세제곱)하면 $a \times a \times a = a^3$이다. 여기서 a^2과 a^3의 a는 밑이며, 2, 3이 지수이다. 다시 말하면 a^2은 1에 a를 두 번 곱한 것, a^3은 1에 a를 세 번 곱한 것이다. 그런데, 지수가 0이 되면 1에 a를 한 번도 곱하지 않았으므로 그대로 1이다.

(2) $a^m a^n = a^{m+n}$

$$=a$$

$$m \quad \times \quad n \quad = \quad m+n$$

계단을 a로 하고 그가 들고 있는 가방을 m, n이라고 했을 때, 가방 m, n을 동시에 들고 걷는다면 $m+n$이 된다.

만약 걷는 사람 a가 가방 l, m, n을 동시에 들고 걷는다면 그림 처럼 a^{l+m+n}이 된다.

$$a^l \times a^m \times a^n = a^{l+m+n}$$

(3) $(ab)^n = a^n b^n$

$a=2$, $b=3$으로 놓고, n을 2로 했을 때 좌변은 $(2\times3)^2 = 36$이다. 우변을 계산하면 $2^2 \times 3^2 = 4 \times 9 = 36$이다. 따라서 이 법칙은 성립한다.

(4) $\left(\dfrac{a}{b}\right)^n = \dfrac{a^n}{b^n}$

(3)의 법칙에서 밑의 두 수를 곱한 후 거듭제곱을 한 것과 밑

의 지수를 따로 곱한 것은 그 값이 같은 것이 증명되었다. 따라서 a에서 b를 나눈 것에 대한 지수법칙도 성립한다.

$$(5)\ a^m \div a^n = \begin{cases} m > n일\ 때 & a^{m-n} \\ m = n일\ 때 & 1 \\ m < n일\ 때 & \dfrac{1}{a^{n-m}} \end{cases}$$

밑이 a로 서로 같지만 지수가 각각 다를 때 나누기는 어떤 법칙이 성립하는지를 보여주는 것이다.

그림으로 나타내면 다음과 같다.

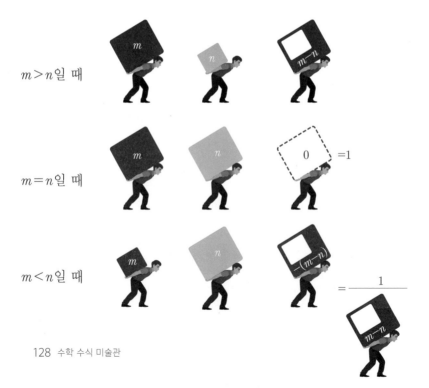

$m > n$일 때

$m = n$일 때

$m < n$일 때

$m>n$일 때는 앞의 지수값이 크다. 나눈다는 의미는 앞의 지수 끼리의 차를 나타낸다. 두 번째 그림은 $m=n$이므로 지수값이 0 이다. 따라서 1이 된다. 세 번째 그림은 $m<n$이므로 지수의 결과 값에 음수($-$)를 붙인다. 그리고 지수가 음수가 되면 역수가 된다.

(6) 그래프를 보면 지수법칙을 금방 이해할 수 있다.

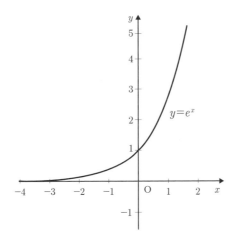

x값이 오른쪽으로 무한대(∞)로 갈수록 y값이 점점 커지다가 결국은 무한대가 된다. 그리고 x값이 왼쪽 음의 무한대($-\infty$)로 갈수록 y값은 0에 수렴한다.

원주와 원의 넓이

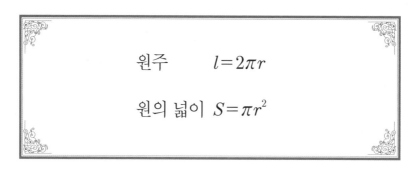

원주 $l = 2\pi r$

원의 넓이 $S = \pi r^2$

수학은 사회적으로 조건화된 지식과 기술의 집합체이다.

윌리엄 서스턴

고대 그리스의 가장 위대한 수학자 아르키메데스에 대한 전설 같은 이야기들은 많다. 역학을 응용한 수많은 무기들과 부력의 원리를 알아내고 유레카를 외친 천재 발명가이자 수학자 아르키메데스는 너무 많은 이야기들이 전해지면서 수학자로서의 업적이 제대로 조명되지 못하는 듯하다.

그의 재미있는 연구 중에는 〈모래알을 세는 사람^{The Sand Reckoner}〉도 있다. 모래알로 우주 전체를 채우려면 모래알의 개수가 얼마가 되어야 할지를 계산하는 재미있는 시도에서, 그는 대략 8×10^{63}개의 모래알이 필요하다고 추정했다.

이 위대한 과학자이자 발명가이며 수학자였던 아르키메데스는 특히 원과 원주율을 사랑한 것으로 유명해 묘비명에도 새길 정도였다.

그는 준정다면체를 발견하여 다양한 다각형들을 조합했으며 준정다면체는 분자 구조의 연구에도 다양하게 적용되고 있다. 축구공의 개발에 아이디어를 제공한 것도 준정다면체인 깎은 정이십면체이다.

그가 사랑했던 원과 원주의 넓이를 살펴보자.

원은 기하학뿐만 아니라 실생활에도 많이 쓰이는 도형이다. 어떠한 원이든 크기에 관계없이 원은 원의 중심에서 이르는 거리가 항상 일정하다. 따라서 원의 모양을 띠로 만든 후 한 점에 해당하는 부분을 자르면 지름보다 3.14배가 더 길다.

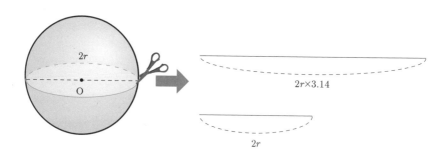

항상 원주는 지름보다 3.14배가 긴 것이다. 3.14는 원주율을 의미하는데, 근삿값으로 3.14이지 실제 길이는 끝없이 펼쳐진다. 수학기호는 π이며 파이[Pie]로 읽는다.

원의 넓이는 미적분이 없던 시기에는 구분구적법으로 해결했다. 어림해서 원의 넓이에 가깝게 도형을 그려 연구한 것이다.

이는 후에 미적분에 많은 영향을 주었다.

오른쪽 그림은 밑변이 a이고, 높이가 h인 삼각형이 있다. 이등변 삼각형이며, 양변의 길이는 원의 반지름의 길이다. 삼각형의 넓이는 다음과 같다.

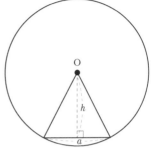

$$S = \frac{1}{2} \times a \times h$$

그리고 이러한 이등변 삼각형 n개로 원을 채운다면 넓이를 다음처럼 공식으로 정리할 수 있다.

$$S = \frac{1}{2} \times a \times h \times n$$

여기서 잠깐! 여러분은 정육각형이 원에 내접할 때와 정팔각형이 원에 내접되었을 때를 생각해보자. h의 길이가 어떻게 변하는가?

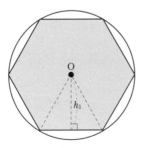 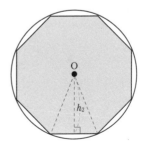

$h_1 < h_2$ 이는 각이 더 많은 다각형일수록 h는 r에 가깝다는 의미이다.

$h \longrightarrow r$에 가까워진다.

$a \times n \longrightarrow 2\pi r$에 가까워진다.

따라서 $S = \dfrac{1}{2} \times a \times h \times n$

$$= \dfrac{1}{2} \times 2\pi r \times r$$

$$= \pi r^2$$

원의 넓이를 증명하는 방법은 원을 파이처럼 최대한 잘게 나누는 것이다. 이는 아르키메데스가 저서 《원의 측정에 관하여》(BC 225년 경)에 정리해 놓은 원의 넓이를 구하는 방법이다.

중국에서도 이와 비슷한 방법으로 원의 넓이 공식을 증명했다. 그 방법은 이해하기 쉽게 소개해보겠다. 여기서는 원을 32등분으로 나누어 보았다. 물론 더 세밀하게 균등히 나누어도 된다.

135쪽 그림중 오른쪽은 꼭 아코디언처럼 보이지만 이는 왼쪽 원을 32등분으로 잘라 직사각형 모양처럼 재조합한 것이다. 따라서 넓이는 πr^2이다.

$$2\pi r \times \frac{1}{2} = \pi r$$

$$S = \pi r \times r = \pi r^2$$

맨홀 뚜껑은 왜 원 모양일까?

차도나 인도에서 많이 볼 수 있는 맨홀 뚜껑은 왜 대부분 둥근 것일까?

원은 지름의 길이가 일정하다. 따라서 맨홀 뚜껑을 세워도 맨홀 구멍에는 빠지지 않는다.

그림으로 살펴보면 다음과 같다.

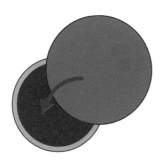

맨홀 뚜껑이 빠질 가능성이 없다.

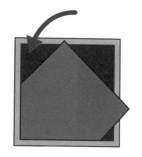

정사각형 맨홀은 비스듬히 세웠을 때 맨홀 구멍의 대각선의 길이가 더 길기 때문에 맨홀 뚜껑이 빠질 가능성이 있다.

다각형의 무게중심
-아르키메데스

다각형의 무게중심은

여러 개의 삼각형으로 나눈 후 만들어지는

중선의 교점이다.

아르키메데스에 대한 이야기는 이미 앞에서도 소개했기 때문에 수많은 업적 중 수학사에서의 중요 업적만 간단하게 정리하면 다음과 같다.

구분구적법 및 그와 유사한 방법을 사용하여 원주율의 근삿값을 매우 정확하게 계산해냈다. 또한 포물선과 직선으로 둘러싸인 도형의 넓이를 계산했다.

아르키메데스

아르키메데스가 도형을 설명하고 있다.

다각형의 무게중심 중에서 가장 기본적인 것은 삼각형이다. 아래처럼 세 변의 길이가 다른 부등변 삼각형이 한 개 있다고 하자. 각 중점 M_1, M_2, M_3를 마주보는 각과 연결한 후 세 중선이 만나는 점을 보면 1개가 된다. 이것이 무게중심 G이다.

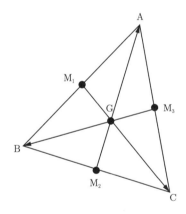

이 그림을 살펴보면 다른 사실도 알 수 있다.

$$\overline{AG} : \overline{GM_2} = \overline{CG} : \overline{GM_1} = \overline{BG} : \overline{GM_3} = 2 : 1$$

계속해서 다음의 부등변 사각형을 살펴보자.

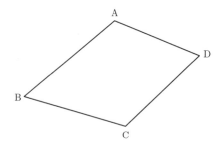

이것을 두 개의 삼각형으로 나누어 삼각형의 무게중심을 정해
보자.

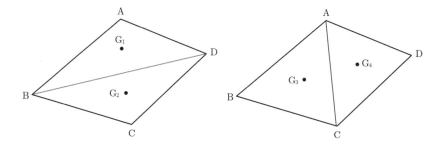

대각선을 $\overline{AB}$와 $\overline{AC}$의 두 부분으로 나누어 각각 무게중심을
4개로 정한 것이다. 마지막으로 G_1, G_2를 연결하고, G_3, G_4로 연
결한 직선의 교점이 바로 사각형의 무게중심이 된다.

여러 개의 다각형도 삼각형으로 나누어 무게중심을 찾아볼 수
있다.

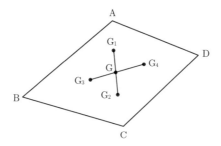

　무게중심은 실생활에서 쉽게 찾아볼 수 있다. 우리가 지하철을 타거나 또는 건물 계단을 오르내릴 때 신체의 무게중심이 균형을 잡아야 안전하게 움직일 수 있다. 피겨 스케이팅 선수가 아름다운 기술을 발휘하고 안전하게 착지할 때도 무게중심이 잡혀야 한다. 비행기의 안전한 운항과 배의 선적도 무게중심이 없다면 위험한 일이 벌어질 것이다.

　도형에서 배운 무게중심은 이처럼 다양한 형태로 우리 삶 속에서 활용되고 있는 것이다.

네이피어의 로그

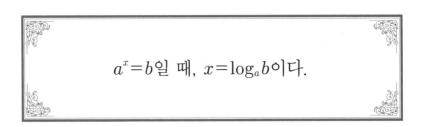

$$a^x = b일 \ 때, \ x = \log_a b이다.$$

수는 가장 높은 수준의 지식이며 지식 그 자체이다.

플라톤

피타고라스의 정리에 필적할 만한 놀라운 발견으로 꼽히는 로그는 영국의 수학자 존 네이피어가 발견했다.

네이피어는 귀족 가문에서 태어나 엄격한 청교도 교육을 받은 프로테스탄트 교도로, 수학, 점성술, 신학에 해박했다.

산술·대수·삼각법 등의 단순화, 계열화를 시도했던 그의 최대 업적은 로그의 발견으로, 큰 수를 편리하게 계산할 수 있게 되면서 천문학을 비롯해 과학 분야는 진일보하게 된다.

1617년 그가 작성한 로그표는 로그값을 쉽게 찾을 수 있도록 해 수학에 많은 기여를 했다.

존 네이피어

로그가 소개된 존 네이피어 저서
《Mirifici Logarithmorum Canonis Descriptio》 표지.

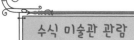
큰 수의 복잡한 계산을 단순화시키는 로그의 마법을 만나보자.

$$3^1 = 3$$

$$3^2 = 9$$

$$3^\square = 27$$

위의 숫자에서 $3^\square = 27$에 알맞은 □은 무엇인가? 3이라고 답할 것이다. $3^3 = 27$이기 때문이다.

이번에는 $3^\square = 40$에 알맞은 □를 구해보자. 쉽게 구할 수 있을까?

지수의 법칙으로는 알맞은 수를 구할 수 없지만 로그는 가능하다.

$3^3 = 27$에서 큰 숫자 3은 밑이고 위의 3은 지수이다. 여기에 밑=$\log_3 27$로 놓아보자. 앞에 log를 붙인 것이다. 그러면 $3 = \log_3 27$이 된다.

$$3 = \log_3 27$$

$$3 = \log_3 3^3$$

$$3 = 3 \times \log_3 3$$

$$3 = 3 \text{ (성립)}$$

따라서 $a^x = y$일 때 $x = \log_a y$가 된다.

1680년경 만들어진 네이
피어의 계산기

드무아부르의 정규분포

$$N(\mu, \sigma^2)(x) = \frac{1}{\sigma\sqrt{2\pi}} \exp\left(-\frac{(x-\mu)^2}{2\sigma^2}\right)$$

신은 자연수를 만들었고, 그 밖의 모든 것은 사람이 만들었다.

레오폴드 크로네거

아브라함 드무아브르의 초상화

아브라함 드무아브르는 프랑스 출신의 영국 수학자이다. 삼각법에 관한 기본정리인 '드무아브르의 정리'로 알려진 법칙과 정규확률곡선의 발견이 주요업적이며, 복소수를 곱하거나 나눌 때 활용할 수 있는 '드무아브르의 정리'로 유명하다.

드무아브르의 정리는 오일러의 항등식과 관련이 있다.

아브라함 드무아브르는 1733년 특정 이항분포의 근사치에 대한 계산을 소개하면서 처음 정규분포를 소개했고 1738년《우연의 교의》2판에 이를 실었다. 이 내용을 라플라스가《확률론의 해석이론[1812년]》에 확장해 소개하면서 드무아브르−라플라스의 정리로 알려지게 되었다.

정규분포는 통계학으로 가기 위한 첫걸음이다. 자연 현상과 사회 현상을 종 모양 곡선으로 나타낸 것으로, 체중, 키, 성적, 치수 등 크기에 따라 열거되는 측정량을 기준으로 평균은 가장 높은 봉우리처럼 보인다.

이와 같은 정규분포의 그래프 모형이 등장하면서 통계학에 많은 기여를 했다.

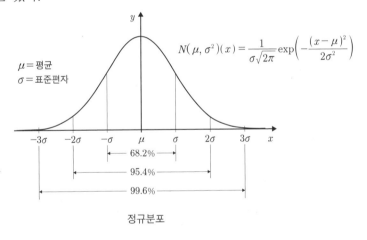

정규분포

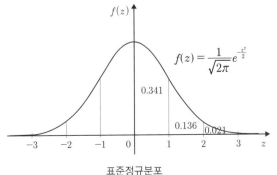

표준정규분포

정규분포는 선거 투표율과 당선율 예측을 나타낼 때 종종 볼 수 있다. 인구의 이동, 교통 체증, 환경 오염 분포, 전염병의 실태 조사 등 여러 사회문제에 대한 예측과 대책을 마련하는 데에도 중요한 자료가 된다.

정규분포의 그래프를 통해 평균에서 얼마만큼 떨어졌는지(표준편차)와 얼마만큼 정상의 범주에 들어 있는지 등을 파악해 만약 평균에서 많이 떨어져 있는 관찰치가 발견된다면 적극적 관리하거나 조치를 취해야 하는 등 대책을 마련할 근거가 되어준다.

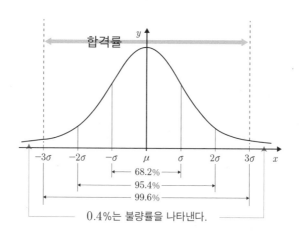

정규분포에서 왜도와 첨도를 이해하는 것이 중요할 수 있다. 왜도는 자료의 분포 모양이 평균에서 한쪽으로 치우친 양상을 나타내는 척도이다. 정규분포는 이러한 현상이 나타나지 않지만 정규분포 외를 제외한 분포에서는 대부분 관찰된다.

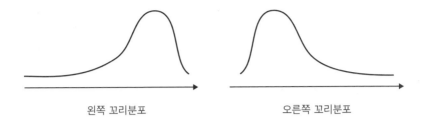

|왼쪽 꼬리분포|오른쪽 꼬리분포|

왼쪽 꼬리분포는 왜도가 음수이다. 오른쪽 꼬리분포는 양수이다. 이에 반해 정규분포는 왜도가 0이다.

첨도는 자료의 분포의 모습이 정규분포보다 더 중앙에 집중하는 척도이다. 정규분포의 예를 들면 다음과 같다.

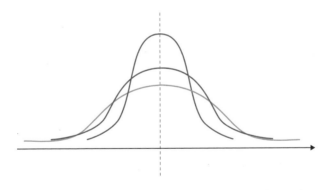

빨간 정규분포의 그래프에 비해 파란 정규분포의 그래프는 첨도가 높다. 따라서 평균에 더 집중되어 있기 때문에 표준편차가 빨간 것에 비해 작다. 초록 정규분포 그래프는 빨간 그래프와는 반대의 양상을 보여준다. 표준편차가 크고, 평균에 집중되어 있지 않고 더 퍼져서 분포한다.

탈레스의 정리

(1) 평행한 두 직선에 한 직선이 지나 생기는
엇각은 서로 같다.

(2) 서로 다른 두 직선이 만난 맞꼭지각은 서로 같다.

(3) 삼각형의 합동조건은 3가지이다.
SAS합동, SSS합동, ASA합동

(4) 반원 안에 그려지는 삼각형은 직각삼각형이다.

(5) 지름은 원을 이등분한다. 따라서 넓이도 같다.

(6) 이등변 삼각형의 양 끝각은 서로 같다.

세상을 세운 물질의 근원이 물이라고 규정함으로써 신화적 사고에서 벗어나 철학적 사고를 시도한 이가 바로 탈레스다. 그의 이런 사고로 인해 유럽 철학의 시조라고도 불리는 탈레스는 사실 위대한 수학자이기도 하다.

수학의 기초를 세운 이로 꼽힐 만큼 도형 분야에서 탁월한 능력을 발휘했고 태양의 거리를 잰 것

탈레스의 초상화

으로도 유명하다. 또한 그리스 최초의 천문학자이자 수학자, 철학자이기도 하다.

도형에 관한 기본 성질을 정리한 탈레스의 정리는 고대 수학에 많은 기여를 했다. 그중에서도 그리고 직선도 도형이라는 규정은 직선, 선분에 대한 연구와 실용적인 수학에 대한 연구는 수학사에 지대한 영향을 주었다.

수식 미술관 관람

탈레스가 정리한 150쪽 도형의 성질은 다음과 같다.

(1)은 서로 다른 두 직선 l과 m이 평행일 때, 한 직선 a가 그 두 직선을 지난다고 하자.

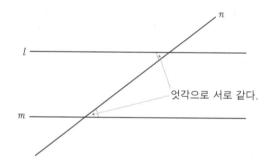

엇각으로 서로 같다.

이 때 생기는 두 각을 '엇갈리는 각'이라 하여 엇각으로 부르며, 서로 같다.

(2)는 두 직선이 서로 마주했을 때 생기는 각이 서로 같다는 의미이다. 이 각을 맞꼭지각으로 부른다.

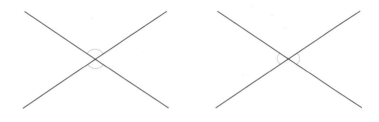

그림처럼 맞꼭지각은 2개로 서로 같다.

(3)은 두 개의 삼각형 ABC와 DEF를 보고 생각하면 된다.

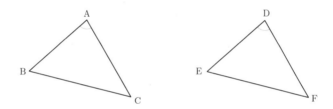

두 삼각형이 두 변의 길이와 끼인각의 크기가 서로 같다.

→ SAS합동

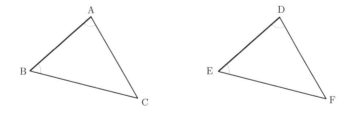

두 삼각형이 한 변의 길이와 두 각을 크기가 서로 같다.

→ ASA합동

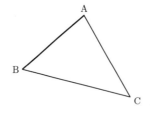
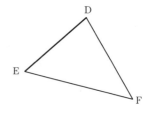

두 삼각형이 세 변의 길이가 서로 같다.

→ SSS합동

이 3가지 합동 조건이 삼각형의 합동조건이 된다.

(4) '반원 안에 그려지는 삼각형은 직각삼각형이다'에 대한 증명을 보자.

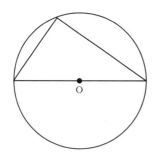
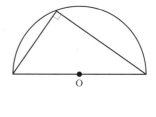

오른쪽 그림에서 만들어진 삼각형이 직각삼각형이라면 지름은 빗변이 된다. 이를 나누어보면 다음과 같다.

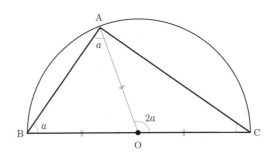

점 A, B, C를 정하고, 원의 반지름의 길이가 같은 성질을 이용하면 △ABO와 △ACO는 이등변삼각형임을 알 수 있다. ∠BAO를 a로 하면 ∠ABO도 a가 되며, ∠AOC는 $2a$이다. 그러면 ∠OAC와 ∠OCA는 같고, $\dfrac{180-2a}{2}$로 나타낼 수 있는데 간단히 하면 $90-a$이다. ∠BAO + ∠CAO = $a+(90-a)=90°$이다.

따라서 증명되었다.

(5) 지름이 원을 이등분하는 것은 그림을 보면 쉽게 알 수 있다.

즉 넓이가 이등분된다.

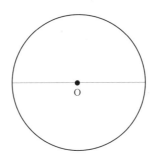

⑹ '이등변 삼각형이면 양끝각의 크기는 서로 같다'는 가설을 세운다. 물론 이것은 참인 명제이지만 증명을 하기 전이니 가설로 한다.

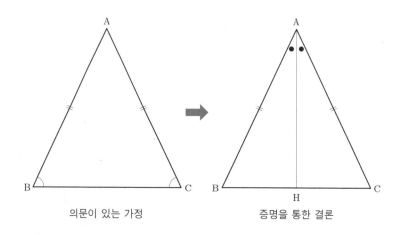

의문이 있는 가정   증명을 통한 결론

이등변 삼각형은 양끝각의 크기가 서로 같다?

오른쪽 그림처럼 ∠A의 이등분선과 $\overline{BC}$가 만나는 점을 H로 놓으면, △ABH와 △ACH에서 $\overline{AB}=\overline{AC}$, ∠BAH = ∠CAH, $\overline{AH}$는 공통이므로 △ABH≡△ACH(SAS합동)

∴ ∠B = ∠C

라마누잔의
자연수의 총합

모든 자연수의 합은 $-\dfrac{1}{12}$ 이다.

$$1+2+3+4+5+\cdots=-\dfrac{1}{12}$$

수학에서는 사물을 이해하는 것이 아니다. 그저 익숙해질 뿐이다.

존 폰 노이만

〈무한대를 본 남자〉로 소개된 〈The Man Who Knew Infinity〉는 인도 출신 수학자 라마누잔의 일대기를 그린 영화이다.

인도의 브라만 출신이지만 가난한 집안에서 태어난 천재 수학자 라마누잔은 현대 수학에 많은 공헌을 한 발명가적 기질의 학자였다.

라마누잔의 초상화

대학을 중퇴한 후 우체국 회계과에서 근무하면서 독학으로 수학을 공부한 라마누잔은 정수론 분야에 남긴 중요한 업적 외에도 원주율을 비롯한 수학 상수, 소수, 분할 함수 등을 응용한 합 공식 ^{summation}에도 큰 발자취를 남겼다.

하지만 그는 그가 발견한 공식과 정리들을 대부분 증명 없이 노트에 기록했기 때문에 수학자들은 그의 사후에 그가 발견한 수많은 정리를 증명하기 위해서 노력해야만 했다. 또한 다른 수학자들과의 교류 없이 혼자 연구했던 그의 초기 수학 연구는 표현 방식이 이상하거나 틀린 것도 있었다. 라마누잔의 공식과 정리를 증명하기 위해 노력하는 동안 수학자들은 새로운 수학 기법을 발견하기도 했다.

라마누잔의 자연수의 총합 정리의 증명은 의외로 간단하다.

자연수의 합을 S로 하자. 그러면 $S=1+2+3+4+5+6\cdots$로 나타낼 수 있다.

S를 4배하면 $4S$가 되며, 이는 $4S=4+8+12+\cdots$로 나타낼 수 있다.

$S-4S$를 하면 다음과 같다.

$$S=1+2+3+4+5+6\cdots$$
$$-4S=\quad 4+\quad 8\quad +12\cdots$$
$$\overline{-3S=1-2+3-4+5-6\cdots} \qquad \cdots ①$$

$-3S$를 2배하면 다음과 같다.

$$-6S=2-4+6-8+10-12+\cdots \qquad \cdots ②$$

3개의 식을 더하면

$$-3S = 1-2+3-4+5-6\cdots \qquad \cdots ①$$

$$-6S = \quad 2-4+6-8+10\cdots \qquad \cdots ②$$

$$-3S = \qquad 1-2+3-4+5-6\cdots \qquad \cdots ①$$

$$\rule{8cm}{0.4pt}$$

$$-12S = 1$$

따라서 $S = -\dfrac{1}{12}$ 로 간단히 증명이 된다.

라마누잔은 택시수로도 유명하다. 바로 $1729 = 12^3 + 1^3 = 10^3 + 9^3$ 이라는 것인데. 1729는 택시수$^{\text{Taxicab Number}}$라고도 한다. 라마누잔의 병문안을 온 하디가 자신이 탔던 택시 번호 1729의 평범성을 이야기하자 라마누잔이 세제곱 수의 합이라는 특성을 부여한 것에서 나온 말이다. 그래서 하디−라마누잔의 수로도 알려져 있다. 택시수는 다음과 같이 정리할 수 있다.

'서로 다른 두 가지 방법으로 두 양수의 세제곱의 합으로 나타낼 수 있는 가장 작은 수이다'

코시-슈바르츠의
부등식

$$(a^2+b^2)(c^2+d^2) \geq (ac+bd)^2$$

나에게는 만물이 수학으로 환원된다.

데카르트

승강인원의 체중이 1000kg으로 제한된 엘리베이터를 기다리고 있다. 그런데 엘리베이터를 기다리는 사람이 많다면 무게 제한에 걸릴지 무의식적으로 계산해본 경험이 있을 것이다. $x < 1000kg$일지 떠올리는 것이다. 이것이 부등식이다.

우리는 사실 부등식이라고 부르지 않을 뿐 생활 곳곳에서 사용한다. 만 원으로 살 수 있는 물건을 떠올리고 월급과 지출한 돈을 비교하는 것도 부등식의 일종이다. 이러한 부등식을 더욱 진일보한 것이 코시-슈바르츠 부등식이다. 그리고 부등식에서 많이 사용하는 중요한 공식이 되었다.

코시는 20세기의 큰 유산으로 꼽히는 해석학의 기초를 확립했다. 헤르만 슈바르츠는 편미분방정식의 해석적 이론 연구에서 '슈바르츠의 함수'를 논하고, 변분법에서 리만의 존재정리를 증명했다.

코시-슈바르츠 부등식은 각 변수가 실수라는 전제하에서 항상 성립하는 식을 말하며 벡터, 확률론, 해석학에 있어 매우 중요한 부등식 중 하나이다.

식은 보기에 따라 복잡할 수도 간단할 수도 있다. 이 절대부등식의 역사를 한 눈에 볼 수 있도록 소개하면 다음와 같다.

1821년 코시

벡터 공간에 대한 부등식 발견
(최초의 코시−슈바르츠 공식의 발견)

1859년 부냐콥스키

무한 차원에서 확장 증명

1896년 푸앵카레

푸앵카레가 슈바르츠 부등식으로 처음 명명.
1900년 이후 코시−슈바르츠 부등식으로 널리 일컫게 됨.
일부 유럽에서는 부냐콥스키 부등식이라고도 부르며 부냐콥스키−코시−슈바르츠 부등식이라고도 명명함.

1888년 헤르만 슈바르츠^{Hermann Amandus Schwarz}

무한 차원에서 재증명

식의 증명은 이 식이 성립하는지 간단히 확인하면 된다.

$$\underbrace{(a^2+b^2)(c^2+d^2)}_{①} \geq \underbrace{(ac+bd)^2}_{②}$$

부등식의 좌변인 ①을 우선 전개한다.

$$(a^2+b^2)(c^2+d^2)=a^2c^2+a^2d^2+b^2c^2+b^2d^2 \quad \cdots ①$$

부등식의 우변인 ②를 전개한다.

$$a^2c^2+2abcd+b^2d^2 \qquad \cdots ②$$

①, ②를 이항하여 정리하면 다음과 같다.

$$a^2d^2+b^2c^2 \geq 2abcd$$

$$(ad-bc)^2 \geq 0$$

따라서 성립한다. 이 절대부등식이 0이 되는 경우는 $ad=bc$일 때이며 그 외에는 항상 크다.

그리고, $(a^2+b^2)(c^2+d^2) \geq (ac+bd)^2$을

$(a^2+b^2+c^2)(d^2+e^2+f^2) \geq (ad+be+cf)^2$으로 구성해도 식은 성립한다.

체바의 정리

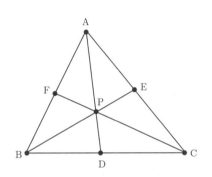

삼각형 ABC의 각 변의
한 점 D, E, F를 임의적으로 정하고,
그 점들의 연장선과 만나서 생기는
한 점 P가 있다.

이때 $\dfrac{\overline{BD}}{\overline{CD}} \times \dfrac{\overline{AF}}{\overline{BF}} \times \dfrac{\overline{CE}}{\overline{AE}} = 1$이 성립한다.

이탈리아의 수학자 체바가 발견한 공식인데, 메넬라우스의 정리가 더 먼저 나온 후 이에 대해 응용한 정리이다.

이 공식을 증명해보자.

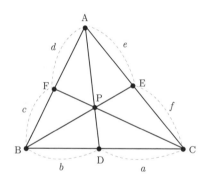

삼각형에서 각 변의 길이에 a부터 f까지 써 놓아보자. 우선, $b:a$는 △ABD의 넓이와 △ACD의 넓이의 비가 된다. 왜냐하면 높이가 같기 때문이다. 그리고 △PBD의 넓이 : △PCD의 넓이 $=b:a$이다. 이제 숫자를 넣어 확인해보자. 여러분이 1:2로 정하던, 2:3으로 정하던 관계는 없다. 증명에 따른 결과는 같다. 여기서는 $b:a=1:3$으로 가정한다.

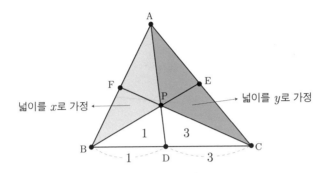

넓이를 x로 가정 ←

→ 넓이를 y로 가정

△ABD의 넓이 : △ACD의 넓이＝1 : 3＝(1＋x) : (3＋y)의 비례식을 풀면 다음과 같다.

$$3+y=3(1+x) \Rightarrow y=3x$$

따라서 △ABP의 넓이 : △ACP의 넓이＝1 : 3이며

$$\frac{\overline{BD}}{\overline{CD}} \times \frac{\overline{AF}}{\overline{BF}} \times \frac{\overline{CE}}{\overline{AE}} = \frac{\triangle ABP의 넓이}{\triangle ACP의 넓이} \times \frac{\triangle CAP의 넓이}{\triangle CBP의 넓이} \times \frac{\triangle BCP의 넓이}{\triangle BAP의 넓이} = 1$$

다음은 체바의 정리보다 먼저 나온 메넬라우스 정리이다.

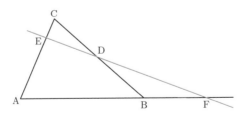

△ABC에서 꼭짓점이 아닌 점 D, E, F가 각각 $\overline{BC}$, $\overline{CA}$, $\overline{AB}$의 연장선 위에 있다고 하자. 이때 D, E, F가 한 직선 위의 점이면 $\dfrac{\overline{AF}}{\overline{BF}} \times \dfrac{\overline{CE}}{\overline{AE}} \times \dfrac{\overline{BD}}{\overline{CD}} = 1$ 이 성립한다. 단, 직선이 반드시 그림처럼 삼각형을 횡단하지 않아도 상관없다.

큰 수의 법칙
- 라플라스의 정리

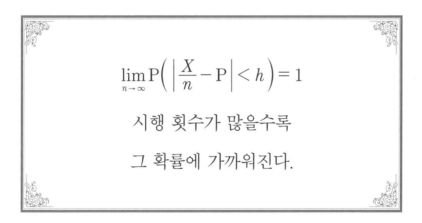

$$\lim_{n \to \infty} \mathrm{P}\left(\left|\frac{X}{n} - \mathrm{P}\right| < h\right) = 1$$

시행 횟수가 많을수록

그 확률에 가까워진다.

수학을 모르는 자는 세계를 이해하지 못하고
자신의 무지함을 인식조차 못한다.

베이컨

프랑스의 수학자이자 물리학자, 천문학자인 피에르 시몽 드 라플라스는 천체역학과 확률론에 해석학을 응용해 많은 성과를 이뤘다.

피에르 시몽 드 라플라스

그의 저서 《천체역학$^{Mécanique céleste,}$ $^{1799~1825}$(전5권)》에서는 천왕성 운행의 이론적 계산치의 차이를 이용하여 해왕성의 크기와 위치를 예언했다. 이는 후에 해왕성 발견에 영향을 미쳤다.

그의 연구는 수학, 물리학에 크게 기여했으며 그의 업적 중 하나인 큰 수의 법칙인 라플라스의 정리가 대표적이다.

'라플라스의 정리' 또는 '대수의 법칙'으로도 불리는 '큰 수의 법칙'은 야구 경기에서 타자의 타율, 보험사에서 책정하는 보험료 보상, 동물과 인간의 평균 수명 등에 쓰인다.

큰 수의 법칙을 통해 확률의 위험이 큰 것은 회피할 수도 있고, 미래에 대한 대책을 강구할 수도 있다.

동전은 앞면과 뒷면이 있다. 둘 중 하나가 나올 확률은 $\frac{1}{2}$이다. 따라서 단순하게 생각하면 10번 던졌을 때 앞면만 나올 확률은 $\frac{1}{2}$인 5번이라고 계산하게 된다. 하지만 실제로 던져보면 아닌 경우가 많다. 동전을 10번을 던졌을 때 앞면이 3번 나올 수도 있는 것이다. 그렇지만 시행회수가 100번, 1000번, 10000번,…계속 늘어나면 앞면이 나올 확률은 $\frac{1}{2}$에 가까워진다.

또 다른 예를 보자.

어떤 예방접종의 접종효과에 대한 확률이 $\frac{2}{3}$, 효과가 없을 확률이 $\frac{1}{3}$이라 하자. 이미 1만 명에 대한 실험효과가 있어서 이 예방접종에 대한 효과성은 입증되었다. 그러나 예방접종을 몇 명 더해 보아서 효과가 있을 확률이 $\frac{2}{3}$라는 것을 더 입증하기는 어렵다. 하지만 기존에 1만명에 가깝거나 더 많은 접종자를 대상으로 효과가 있는지 확인하면 $\frac{2}{3}$가 효과 있음이 입증될 것이다. 그러니까 $\frac{2}{3}$에 가까워지는 것이다.

즉, 10명에 대한 접종효과는 $\frac{2}{3}$에 한창 못 미칠 수 있지만 또한 100명, 1000명, 10000명으로 접종효과를 검증하면 $\frac{2}{3}$에 도달할 확률이 높아지는 것이다.

결과적으로 큰 수의 법칙은 '표본의 개수가 많을수록 통계적 오차가 줄어든다'는 법칙이다.

비에트의 정리

이차방정식 $ax^2+bx+c=0$의

두근 α, β가 있을 때

두근의 합은 $\alpha+\beta=-\dfrac{b}{a}$

두 근의 곱은 $\alpha\beta=\dfrac{c}{a}$

비에트는 1540년 프랑스의 퐁
테네 르콩트에서 태어났다. 수도
원에서 엄격한 교육을 받고 자란
그는 국회 변호사를 하기도 했다.

앙리 2세 휘하에서 궁정의 개
인 고문으로도 일하면서 대수학
에 대한 많은 이론을 제시했고 앙
리 4세 때는 정치와 종교 업무에
종사하여 암호문을 해독하기도
했다.

프랑수아 비에트

또한 사칙연산 기호를 도입하여 수학계산을 간소화시켰으며,
방정식의 미지수를 알파벳 모음으로 사용하기 시작했다. 우리가
쓰는 방정식의 x, y, z, w 같은 미지수의 사용이 빈번하게 된 것도
그의 공로라 할 수 있다. 이 외에도 삼각함수의 덧셈정리로도 유
명하다.

비에트의 정리는 근과 계수의 관계로도 불리우며, 비에트의 빛
나는 업적 중 하나이다.

비에트의 정리를 소개하면 다음과 같다.

일차방정식을 보면 $ax+b=0$에서 $x=-\dfrac{b}{a}$가 된다. 일차방정식은 해가 없거나 무수히 많은 것을 제외하고는 단 한 개의 근을 가진다. 따라서 근이 1개이며 $x=-\dfrac{b}{a}$이므로 비에트의 정리에서 말하는 두 근의 합과 곱의 관계를 말하기는 어렵다. 적어도 근이 두개 이상이어야 하기 때문이다.

$ax^2+bx+c=0$에서 두 근을 인수분해하거나 근의 공식으로 풀어 나온 해를 α, β로 했을 때 두 근의 합은 $-\dfrac{b}{a}$, 두 근의 곱은 $\dfrac{c}{a}$가 된다. 예를 들어 $x^2+3x+2=0$을 풀면 $x=-1$ 또는 -2이다. 즉 두 근의 합은 -3, 두 근의 곱은 2인데, 대입하여 확인하면 맞다는 것을 알 수 있다.

비에트의 정리는 3차방정식에도 적용된다. 다만 조금 더 복잡하다. 이유는 근이 3개이기 때문임을 여러분은 눈치챘을 것이다.

정의하면 다음과 같다.

3차 방정식 $ax^3+bx^2+cx+d=0$의 세근을 a, b, c라 하면,

$$\alpha+\beta+\gamma=-\frac{b}{a}$$

$$\alpha\beta+\beta\gamma+\gamma\alpha=\frac{c}{a}$$

$$\alpha\beta\gamma=-\frac{d}{a}$$

그리고 알버트 지라드는 비에트의 정리를 일반화하여 아래와 같이 정리했다.

n차 방정식에 $a_nx^n+a_{n-1}x^{x-1}+\cdots+a_1x+a_0=0$에 대해 다음이 성립한다.

$$근의 \ 합=-\frac{a_{n-1}}{a_n}$$

$$근의 \ 곱=(-1)^n\frac{a_0}{a_n}$$

비에트의 정리는 꾸준히 연구되고 있으며 5차 이상의 방정식에도 많은 적용을 하게 되었다.

신기한 방정식 그래프

방정식에는 신기하고도 희한한 그래프가 많다. 일반적으로 접하게 되는 방정식의 그래프는 직선이거나 포물선으로, 수학적 해석에 대해서만 관심을 갖는 그래프가 대부분이다. 따라서 방정식의 해를 구하거나 좌표평면 위의 그래프만 보게 되지만 사실 흥미로운 방정식의 그래프도 존재한다. 식에 따라 변화하는 모양이 가지각색인 것이다.

$\sin x + \cos x + \cos xy = 1$의 방정식은 다양한 타일 무늬 같은 그림으로 보인다. 오른쪽으로 갈수록 점점 더 진해 보일 것이다.

$\left(x^2 + y^2 - \dfrac{1}{2} \right)^3 - x^2 y^3 = 0$의 방정식은 하트 모양이다. 방정식의 그래프로 보기에는 하트 모양이 예쁘게 그려졌다.

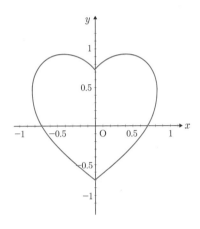

$e^{x+y} + \sin x - \cos y = -1$의 방정식은 물방울 같은 무늬가 삼각형 모양으로 배열되어 있다. 해가 물방울 위의 점들이라니 신기할 따름이다.

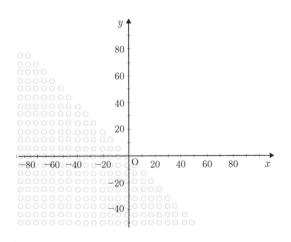

$x^{100} - 100xy + x + y^6 = 10$의 그래프는 3D 모양의 접혀진 양탄자 같다.

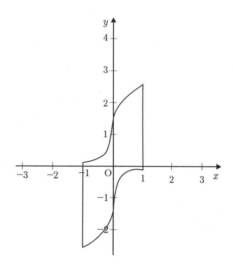

뫼비우스의 띠

사각형 모양의 띠를

한 번 혹은 여러 번 꼬아서

서로 양끝을 붙인 띠

수학적 발명을 움직이는 힘은 추리가 아니고 상상력이다.

드 모르간

뫼비우스의 띠는 독일의 수학자이자 과학자인 뫼비우스가 1865년에 발견했지만 재미있게도 요한 베네딕트 리스팅이 발표했다.

가우스의 문하생이기도 했던 뫼비우스는 1815년 라이프치히 대학에서 천문학 교수 및 천문대장으로 지냈고 사영기하학과 직선기하학에 많은 공헌을 했다.

A.F 뫼비우스

여러분도 뫼비우스의 띠를 만들어보거나 사진으로라도 본 적이 있을 것이다. 왕관이나 벨트를 만들 때 도화지나 색종이가 서로

뫼비우스의 띠

꼬인 상태에서 접착제를 바르면 왼쪽 아래 사진과 같은 모양이 될 것이다. 이것이 바로 뫼비우스의 띠이다.

뫼비우스는 한번 또는 여러번 꼬았을 때 안과 밖의 구별이 힘들다는 특징이 있다. 계속 맴돌면서 안과 밖의 구별이 어려워지는 것이다.

아래 그림처럼 뫼비우스의 띠는 끝없는 순환을 뜻하는 과학적 자료나 미국 재활용 협회의 마크로 사용되기도 한다.

고르디우스의 매듭

　기원전 800년경 프리지아(지금의 터키) 왕국에는 이륜마차를 몰고 오는 사람이 왕이 된다는 예언이 전해졌다.

　한편 왕가의 후손이었으나 가난한 농부로 지내던 고르디우스는 어느날 자신의 소달구지에 독수리가 앉아 있는 것을 보고 자신이 왕이 될 거라고 예감했다. 그래서 그는 소달구지를 끌고 왕가로 갔는데, 왕가에서는 이륜마차를 끌고 오는 자가 왕이 될 것이라는 예언에 부합한다고 생각해 그를 왕으로 맞이했다.

　고르디우스는 그 소달구지(이륜마차)를 신전에 바치면서 밧줄로 복잡한 매듭을 만들어 기둥에 묶은 후 이렇게 선포했다.

　'이 매듭을 푸는 자가 아시아의 왕이 될 것이다'.

고르디우스의 매듭을 푸는 알렉산더 대왕

이 소식을 들은 영웅들이 벌떼같이 몰려와 매듭을 풀어보려 했지만 아무도 풀지 못했다. 그리고 그 상태로 400여 년이 지났다. 그런데 결말은 의외로 싱거웠다. 기원전 333년에 알렉산더 대왕이 잠시 고민하다가 자신의 검으로 밧줄을 잘라 해결 아닌 해결을 한 것이다.

결국 알렉산더 대왕은 아시아의 왕이 되었지만 33살에 요절했고, 그의 사후에 제국은 4개로 분열되어 혼돈의 세상이 되었다.

이 이야기에 수학을 대입해보자.

어려운 문제를 만났을 때, 암산이나 어림잡기로 대강 풀려다가는 계단에서 넘어질 수도 있다. 위험하다는 의미다. 특히 과정을 생략하고 문제를 풀려는 성급함은 습관화되면 중요한 고비나 신중해야 할 일들에도 같은 태도를 보이게 만들 수 있다. 수학적 사고가 우리 삶을 바꿀 수도 있다는 의미이다. 따라서 수학 문제 해결에 필요한 것은 어렵고 시간이 걸리는 문제라 해도 논리적이고 합리적인 방법을 찾아 순리대로 푸는 자세이다.

구의 겉넓이와 부피

구의 겉넓이 $S = 4\pi r^2$

구의 부피 $V = \dfrac{4}{3}\pi r^3$

창조적 원리는 수학 속에 존재한다.

아인슈타인

　구의 겉넓이는 크기에 관계없이 반지름의 길이만을 알면 구할 수 있다. 사과로 이를 확인해볼 수 있다.

　반지름이 r인 사과는 비교적 크기가 작은 구에 속하지만 맛보기 좋게 잘 깍은 사과 껍질을 오른쪽 원기둥의 옆면에 잘라 붙여 넣어보자. 잘 맞을 것이다.

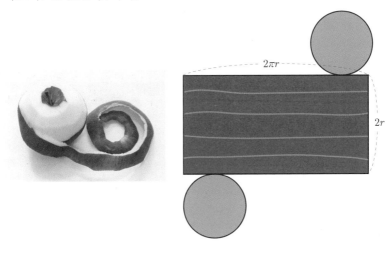

　또는 구의 겉넓이를 그림을 나타내어 증명할 수도 있다.

　구의 겉넓이가 $S=4\pi r^2$인데 πr^2이 4개라는 의미는 원의 넓이의 4배라는 의미이다. 그래서 반지름이 r인 원을 4개 그려보면 다음 사진처럼 사과를 깎아서 껍질로 모두 채워 넣을 수 있다.

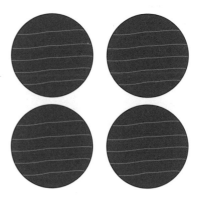

그림과 수식이 함께 성립한 것이다.

구의 부피는 아래 수박 그림을 살펴보면 된다.

수박의 일부분을 잘라서 뽑으면 뿔 모양의 수박 조각이 되는데, 밑면은 구의 겉넓이인 $4\pi r^2$이고, 높이는 r이므로 부피 $V= \dfrac{1}{3} \times (4\pi r^2) \times r = \dfrac{4}{3}\pi r^3$이 된다.

양성자 또는 중성자 같은 아주 작은 것부터 태양과 같은 별에 이르기까지 무수히 많은 구도 반지름의 길이만 알고 있으면 겉넓이와 부피를 구할 수 있으니 편리한 공식이다. 또한 구 모양의 정유탱크나 환약, 공의 제작에도 겉넓이와 부피를 이용한 생산 향산성이 계산되어 이용되는 등 폭넓게 쓰이고 있다.

쿠르트 괴델의
불완전성 정리

정리1. 자연수의 사칙연산을 포함하는 어떠한 공리계
도 모순이 없거나 완전할 수 없다.

정리2. 자연수의 사칙연산을 포함하는 어떠한 공리계
가 모순이 없을 때, 그 체계 안에서는 증명할 수
없다.

불완전성 정리는 20세기 최고의 정리라 불릴 정도로 수리적 논리에 많은 공헌을 했다. 공리계 자체는 참, 거짓을 증명할 수 없는 명제가 반드시 있기 때문에 모순이 있게 된다는 것이다. 어쩌면 모순이 없는 명제란 생각할 수 없는 것으로, 완전함이란 존재할 수가 없다는 것을 보여준 것이다. 이로 인해 진리의 근거가 뒤흔들리게 되었다.

우리가 100% 참이라고 생각하는 명제도 후에 부분적인 반증으로 거짓일 수 있다는 이 정리는 수학에 큰 파장을 불러왔다.

쿠르트 괴델은 오스트리아—헝가리 제국에서 태어나 병약한 어린 시절을 보내고 26세에 불완전성 정리를 선보였다. 그는 아인슈타인과 물리학, 철학 등에 대해 의견을 나눌 정도로 친했다고 한다.

쿠르트 괴델

말년에 건강염려와 피해망상을 앓고 있었던 그는 부인이 주는 음식 외에는 먹지 않다가 부인이 입원한 사이에 집에서 굶주려 사망했다. 당시 73세 나이였다.

　괴델의 불확정성의 논리가 또 하나의 지표나 가능성을 여는 경우가 생길 수 있다.

　그것은 만약 수의 범위가 실수와 허수 차원을 넘어서는 또 다른 수가 발견되어서 이제까지의 공식이나 정리에 반박한다고 가정했을 때의 일이다.

　아니면 우리가 생각하던 실수의 범주가 유리수도 무리수도 아닌 또 다른 제3의 수의 등장으로 인해 증명에 대한 참, 거짓이 달라질 수도 있다.

퍼즐의 전성시대
−19세기 중반 사람들에게 수학의 재미를 알게 해준 놀이

수학의 딱딱함을 풀어주려는 의도로 일부 수학자들은 퍼즐을 양산했다. 퍼즐하면 수수께끼부터 매듭 문제에 이르기까지 다양한 문제가 연상될 것이다.

실제로 낱말 맞추기 같은 상식이나 문장, 어휘력을 요구하는 퀴즈도 유행했다.

고대 그리스에서도 퍼즐은 재미를 위한 유익한 두뇌 퀴즈였다. 논리력과 추리력을 필요로 해 두뇌 활동으로 만족하기에 좋은 문제들도 많았던 것이다.

다음 문제를 풀어보자.

> 엄마 나이는 45세, 딸 나이는 9세이다. 엄마의 나이가 딸의 나이의 3배가 되려면 몇 년이 걸릴까?

이러한 문제는 방정식 $45+x=3\times(9+x)$로 식을 세워 풀 수 있다. 1년, 2년, …씩 하나하나 대입해서 풀어도 된다. 다양한 방법으로 할 수 있는 것이다. 답은 9년 후이다.

1, 4, 9, 16, □

위와 같은 문제도 수열에 속하지만 사람들은 퍼즐로 즐겼다.

답은 1×1, 2×2, 3×3, 4×4, 5×5로, 제곱수의 성질을 이용하면 풀리는 문제이다. 답은 25이다.

아침에 네 발, 점심에 두 발, 저녁에 세발이라는 스핑크스의 질문도 퀴즈에 속한다. 신호등이 처음 생겼을 때, 눈이 세 개인데 색이 다른 물체는? 이란 수수께끼도 유행했다.

이제 다음 문제를 풀어보자.

항상 검은 옷만 입는 것은?

정답: 그을음

함수의 발견

x값에 따라 y값이

오직 하나만 결정되는 것을

y는 x에 대한 함수라 한다.

수는 한때 종교와 철학의 기초였고
숫자의 기교는 잘 믿는 사람들에게 큰 효과를 가져왔다.

파커

 함수는 고대 바빌로니아 때 과학과 건축의 발전과 함께 시작되었다. 천문의 움직임도 함수에 대한 많은 연구를 촉발시켰다. 천체의 운동을 관찰하기 위해 수표를 만든 것을 함수의 기원으로 보고 있다.

 포물선 운동과 삼각함수는 고대 수학에서 시작해 계속 발전해오다가 17세기에 이르러 꽃을 피운다. 갈릴레이가 물체의 포물선 운동에 대해 시간과 거리 관계에서 이차 함수를 사용한 것을 시작으로, 데카르트가 좌표평면을 발견하여 함수를 그래프로 나타내

갈릴레이

면서 커다란 발전을 이루었고 라이프니츠가 함수라는 말을 처음 사용하기 시작했다.

 한편 오일러는 $y=f(x)$라는 개념을 정리하고 두 집합의 각 원소들 사이의 관계를 대응으로 표현했다. 함수 기호 f는 프랑스의 수학자이자 철학자인 달랑베르가 처음으로 사용했으며, 코시도 함수론을 정리했다.

 요즘 사용하는 함수의 개념을 일반화시킨 것은 디리클레로, 그는 함수의 불가능, 가능 조건과 역함수에 대해 연구했다.

 푸리에는 푸리에 급수를 함수에 도입해 과학의 발전에 많은 기여를 하고 있다.

함수는 차수에 따라 일차함수, 이차함수, 삼차함수, …로 나누어
지는데, 차수의 끝은 알 수 없지만 우리는 보통 일차함수와 이차
함수를 만나게 된다.

함수는 변수 x에 대한 y의 결과이다. 그리고 그래프의 분석, 예
측, 성향에 대해 많이 유용하게 쓰인다.

함수의 성립조건은 한 개의 x에는 반드시 한 개의 y가 대응해
야 한다는 것이다.

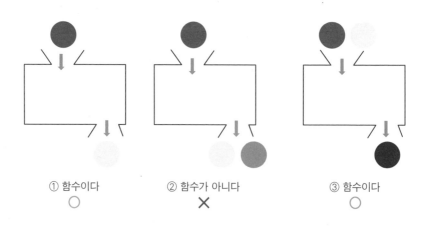

① 함수이다
○

② 함수가 아니다
✕

③ 함수이다
○

①은 위에서 넣는 공을 x로 하면 나오는 공은 y이다. 따라서 y가 한 개이므로 함수이다. ②는 공이 두 개가 나왔다. 그 두 개는 두 개의 y이다. 그러므로 함수가 아니다. ③은 두 개의 공을 넣었더니 1개의 공이 나왔다. x가 두 개지만 한 개의 y가 나왔으니 함수다. 여러 개의 공이 x로 들어가도 y가 한 개면 함수가 되는 것이다.

가장 기본이 되는 함수의 형태는 다음과 같다.

n차 함수의 그래프($n = 1, 2, 3$)

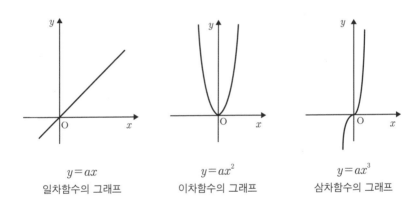

$y = ax$
일차함수의 그래프

$y = ax^2$
이차함수의 그래프

$y = ax^3$
삼차함수의 그래프

무리함수의 그래프

무리함수는 제곱근으로 이루어진 함수이다.

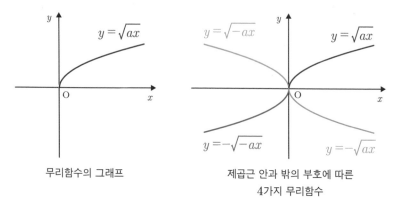

무리함수의 그래프

제곱근 안과 밖의 부호에 따른
4가지 무리함수

분수함수의 그래프

분수함수는 분모와 분자에 분수식이 있는 형태의 함수이다. 옆의 함수는 반비례를 나타내는 함수인데, 분수식 중에서도 가장 기본적인 함수로, 톱니바퀴에 관한 문제에 대한 접근이나 실

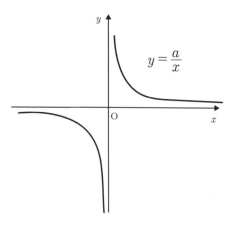

험 데이터의 감소 또는 증가에 대해 분석할 때 쓰이는 함수이다. 운동에 관한 물리에서도 많이 등장한다.

　지수함수와 로그함수도 수학과 과학에 많이 등장한다.

지수함수의 그래프

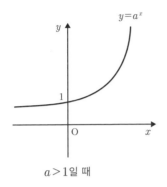

$a>1$일 때

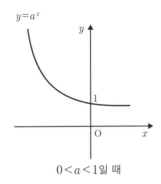

$0<a<1$일 때

로그함수의 그래프

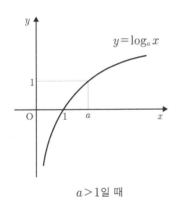

$a>1$일 때

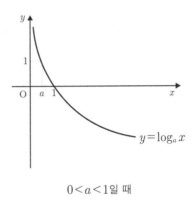

$0<a<1$일 때

삼각함수의 그래프

삼각함수의 그래프는 사인 함수, 코사인 함수, 탄젠트 함수, 코시컨트 함수, 시컨트 함수, 코탄젠트 함수 등 6가지가 있다.

사인 함수의 그래프

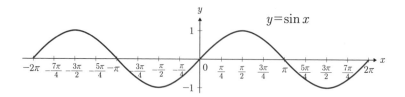

$y = \sin x$

코사인 함수의 그래프

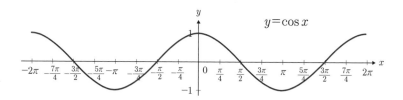

$y = \cos x$

탄젠트 함수의 그래프

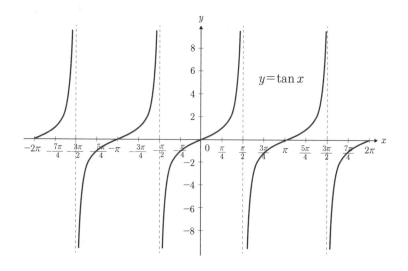

$y = \tan x$

코시컨트 함수의 그래프

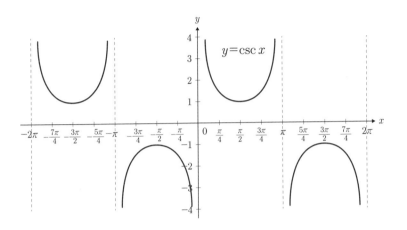

시컨트 함수의 그래프

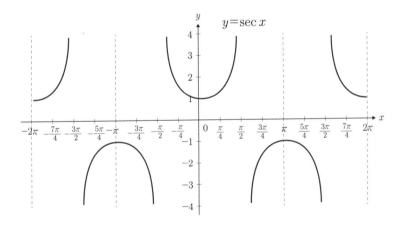

코탄젠트 함수의 그래프

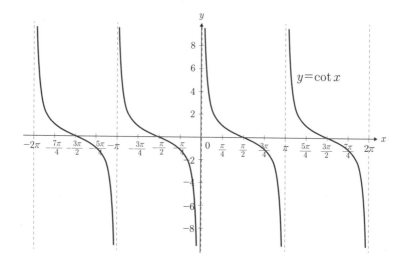

6가지의 함수를 보면 x에 대해 오직 한 개의 y가 대응한다는 것을 알 수 있다. 아래는 데카르트가 소중히 생각했다는 엽선 $x^3 + y^3 = 3axy$ 이다. 이것도 함수일까?

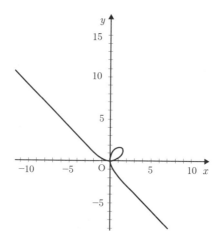

정답은 NO이다. 왜냐하면 한 개의 x에 두 개의 y가 있는 영역이 있기 때문이다. 바로 저 꼬불한 곡선 부분이다.

또 다른 엽선 $(x^2+y^2)^2=3axy$를 살펴보자.

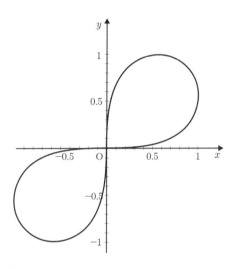

한쌍의 떡잎처럼 보이는 엽선 모양이 두 개가 되는 그래프이다. 이 엽선도 x에 대응하는 y가 2개인 영역이 있어서 함수가 아니다. 따라서 방정식이다.

여기까지 살펴봤다면 여러분은 다음 그래프를 함수라고 하지 않을 것이다.

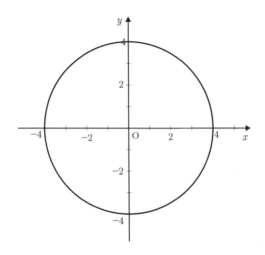

위의 그래프는 원의 방정식이다. $x^2+y^2=16$을 나타낸 것이다. 그러나 $y \geq 0$이라는 조건을 만들면 아래 그래프처럼 되는데 이것은 함수가 된다. 함수식도 $y = \sqrt{16-x^2}$ 이다.

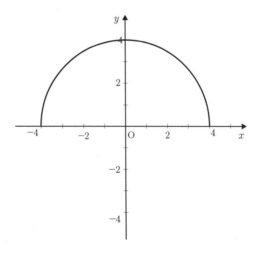

또한 조건을 만들어 $y<0$이면 아래 그래프처럼 된다. 이것도 함수이다. 함수식은 $y=-\sqrt{16-x^2}$ 이다.

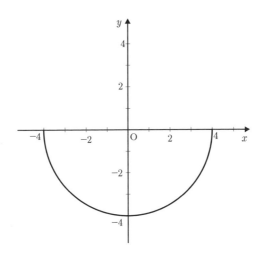

도함수의 발견

$y=f(x)$의 그래프의

어떤 점에서의 기울기를

도함수라 한다.

$$f'(x) = \lim_{\Delta x \to 0} \frac{f(x + \Delta x) - f(x)}{\Delta x}$$

도함수는 미분과 적분을 공부할 때 가장 먼저 접하는 것이다. 그래프가 증가 상태이던 감소 상태이던 그 지점에서 바로 미분하면 순간변화율을 바로 계산하여 알 수 있다.

과학에서는 도함수를 이용하여 물질 또는 현상에서 온도변화율, 열전도율을 분석한다. 기압의 변화와 수해가 발생할 때 댐 시설에서 유속의 변화율 등을 분석하여 대책에 참고하는 자료제공에도 쓰이며 사회과학에서는 인구변화율과 한계 비용, 한계 효용 등을 계산할 때도 사용되는 등 우리 삶 속에서 유용하게 쓰이고 있다.

댐 시설의 유속 변화율 분석에 도함수가 쓰인다.

$x=a$에서 도함수(미분 계수)에 대한 그래프와 공식은 다음과
같다.

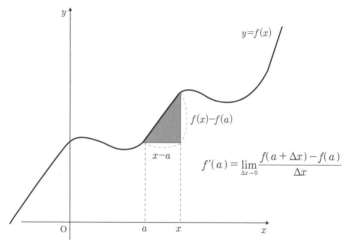

$x=a$일 때의 스틸 장면처럼
순간변화율을 알 수 있는 것
이다.

그렇다면 포물선 운동 중인
물체의 순간속도도 도함수로
계산할 수 있을까?

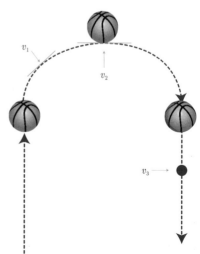

답은 '가능하다'이다. v_1, v_2, v_3도 도함수를 통해 시간이 정해진다면 충분히 구할 수 있다.

도함수를 간단하게 계산하는 방법은 $f(x)=a \times x^n (n \neq 0)$일 때 $f'(x)=n \times a \times x^{n-1}$이다.

도함수를 하면서 알게 되는 미분공식의 성질은 다음과 같이 4가지가 있다.

$f(x), g(x)$가 미분이 가능할 때,

(1) 합차의 미분법

$$(f(x) \pm g(x))' = f'(x) \pm g'(x)$$

(2) 실수배의 미분법

$$(cf(x))' = cf'(x)$$

(3) 곱의 미분법

$$(f(x)g(x))' = f'(x)g(x) + f(x)g'(x)$$

(4) 몫의 미분법

$$\left(\frac{f(x)}{g(x)}\right)' = \frac{f'(x)g(x) - f(x)g'(x)}{(g(x))^2}$$

삼각함수의 도함수는 다음과 같다.

$(\sin x)' = \cos x$

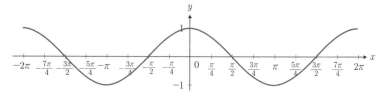

$(\cos x)' = -\sin x$

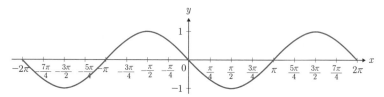

$(\tan x)' = \sec^2 x$

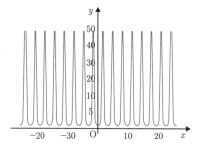

$(\sec x)' = \sec x \tan x$

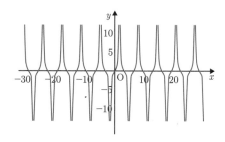

$(\csc x)' = -\csc x \cot x$

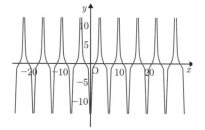

$(\cot x)' = -\csc^2 x$

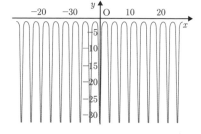

베이즈의 정리

사건 A, A^c에 대해

$A \cap A^c = \phi$ 이고,　$A \cup A^c = \Omega$ 이면

$$P(A \mid B) = \frac{P(A)P(B \mid A)}{P(A)P(B \mid A) + P(A^c)P(B \mid A^c)}$$

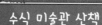
조건부확률이 소개되면 자연스레 베이즈의 정리가 나오게 된다. 사건 발생 시 원인을 알고 싶을 때 사용하는 확률론적 방법이다.

베이즈는 영국의 장로교 목사이면서 수학자였다. 그의 사후에 출간한《확률론의 한 문제에 대한 에세이[1763년]》에 베이즈의 정리가 실려 있다.

어떤 마을에 원인을 알 수 없

토머스 베이즈

는 인플루엔자가 발병했다. 마을 주민 중 20%가 인플로엔자에 감염되었고 전염을 막기 위해 질병관리국에서는 혈액검사를 실시하게 되었다. 발병했을 때 양성반응이 날 확률은 95%에 이른다고 한다. 발병하지 않아서 양성반응이 나오지 않을 확률은 90%이며, 발병하지 않았지만 양성반응이 나올 확률이 10%이면 혈액검사를 했을 때 양성반응이 나온 주민이 과연 발병할 것인지를 확인할 때 베이즈의 정리를 사용한다.

베이즈의 정리를 이용하면 다음과 같다.

먼저 인플루엔자 발병환자를 사건 A로 하여 $P(A)$로 한다.

$$P(A)=0.2$$

인플루엔자에 발병되지 않은 확률은 $P(A^c)$이다.

$$P(A^c)=0.8$$

그리고 인플루엔자 발병환자는 이미 걸린 환자이지만 혈액 검사결과로 양성이 나올 확률은 95%이므로 0.95로 한다.

$$P(B|A)=0.95$$

그 다음 인플루엔자가 발병하지 않았기 때문에 혈액검사에서 양성이 나오지 않는 주민의 확률은 90%이므로 0.9로 한다.

$$P(B^c|A^c)=0.9$$

인플루엔자가 발병하지 않았지만 검사결과가 양성일 확률은 0.1이다.

$$P(B|A^c)=0.1$$

위의 4가지를 베이즈의 정리에 각각 입력하면 다음과 같다.

$$P(A|B) = \frac{P(A)P(B|A)}{P(A)P(B|A) + P(A^c)P(B|A^c)}$$

$$= \frac{0.2 \times 0.95}{0.2 \times 0.95 + 0.8 \times 0.1} = \frac{0.19}{0.19 + 0.08}$$

$$= 0.7037 \cdots = 0.70$$

$P(A|B)$는 $0.7 \left(\frac{2}{3}$ 보다 높은 확률이다 $\right)$이므로 검사결과가 양성반응이면 인플루엔자는 발병할 확률이 높다고 할 수 있다. 즉 인플루엔자 검사에 대해 어느 정도 신뢰해도 된다.

이렇게 $P(A|B)$를 직접 구할 수 없을 때 베이즈의 정리를 이용한다. 이 정도의 정확도라면 질병관리국에서 좋아할 만한 정리가 아닐까?

테일러 급수

테일러 급수란

미분가능한 함수를

다항식의 형태로 바꾸는 것을 말한다.

수학적 상상력 없이 일류 지성인이 되기는 사실상 불가능하다.

로버트 쿡

수학자들은 수학 분야를 연구하다가 어떠한 규칙을 발견하면 그것을 다른 분야와 병행해 연구하다가 공식을 발견하곤 했다. 그중 하나가 테일러 급수이다.

영국의 수학자이며 뉴턴의 후계자인 브룩 테일러는 1715년에 저술한 《증분법》에 테일러 급수를 발표했다. 테일러 급수는 미

브룩 테일러

분 방정식에 커다란 영향을 주었지만 정작 테일러 급수라는 명칭을 지어준 수학자는 오일러이다.

미적분에서는 다항식의 형태로 지수함수나 삼각함수를 바꾸어 주면 계산이 용이하기 때문에 테일러 급수를 사용한다. 그리고 복잡한 수식이 테일러 급수 형태로 발견된다면 복잡함이 한결 나아지기 때문에 다양한 수학 분야에서 많이 사용되고 있다.

테일러 급수를 살펴보자.

$$\sin x = a_0 + a_1 x + a_2 x^2 + a_3 x^3 + a_4 x^4 + a_5 x^5 + \cdots \qquad ①$$

$$(\sin x)' = \cos x = a_1 + 2a_2 x + 3a_3 x^2 + 4a_4 x^3 + 5a_5 x^4 + \cdots \qquad ②$$

$$(\sin x)'' = -\sin x = 2a_2 + 6a_3 x + 12a_4 x^2 + 20a_5 x^3 + \cdots \qquad ③$$

$$(\sin x)''' = -\cos x = 6a_3 + 24a_4 x + 60a_5 x^2 + \cdots \qquad ④$$

$$(\sin x)'''' = \sin x = 24a_4 + 120a_5 x + \cdots \qquad ⑤$$

①식에 $x=0$을 대입하면 $a_0=0$이 된다. ②식에 0을 대입하면 $\cos 0 = 1$이므로 $a_1=1$이 된다. ③식에 0을 대입하면 $a_2=0$, ④식에 0을 대입하면 $a_3 = -\dfrac{1}{6} = -\dfrac{1}{3!}$,이다. ⑤식에 0을 대입하면 $a_4=0$이 되는데, 계속 미분하여 0을 대입하면 $a_0 = a_2 = a_4 = a_6 = a_8 = \cdots$가 성립하는 것을 알 수 있고, 또한 $a_1 = -\dfrac{1}{1!}$, $a_3 = -\dfrac{1}{3!}$, $a_5 = -\dfrac{1}{5!}$, $a_7 = -\dfrac{1}{7!}$, $\cdots$가 성립하는 것을 알 수 있다. 이 두 가지 사실만으로 $\sin x$를 다시 정리해보자.

$$\sin x = a_0 + a_1 x + a_2 x^2 + a_3 x^3 + a_4 x^4 + a_5 x^5 \cdots$$

$$= \frac{1}{1!}x - \frac{1}{3!}x^3 + \frac{1}{5!}x^4 - \frac{1}{7!}x^5 \cdots$$

$$= \sum_{n=0}^{\infty} (-1)^n \frac{x^{2n+1}}{(2n+1)!} \quad \text{(단 } -\infty < x < \infty\text{)}$$

아래 공식은 유명한 테일러의 급수의 공식들이다. 슬쩍 기억해 두자.

$$e^x = 1 + x + \frac{x^2}{2!} + \cdots + \frac{x^n}{n!} + \cdots = \sum_{n=0}^{\infty} \frac{x^n}{n!}, \quad -\infty < x < \infty$$

$$\sin x = x - \frac{x^3}{3!} + \frac{x^5}{5!} - \cdots + (-1)^n \frac{x^{2n+1}}{(2n+1)!} + \cdots = \sum_{n=0}^{\infty} \frac{(-1)^n x^{2n+1}}{(2n+1)!}, \quad -\infty < x < \infty$$

$$\cos x = 1 - \frac{x^2}{2!} + \frac{x^4}{4!} - \cdots + (-1)^n \frac{x^{2n}}{(2n)!} + \cdots = \sum_{n=0}^{\infty} \frac{(-1)^n x^{2n}}{(2n)!}, \quad -\infty < x < \infty$$

$$\ln(1+x) = x - \frac{x^2}{2} + \frac{x^3}{3} - \cdots + (-1)^{n-1} \frac{x^n}{n} + \cdots = \sum_{n=1}^{\infty} \frac{(-1)^{n-1} x^n}{n}, \quad -1 < x \leq 1$$

콜모고로프의 공리

(1) 모든 사건 A에 대해

$0 \leq P(A) \leq 1$이다.

(2) 반드시 일어나는 사건은 최댓값이 1이다.

즉 $P(\Omega) = 1$이다.

(3) 여러 사건 $A_1, A_2, A_3, \cdots$에 대해

교집합이 공집합이면

여러 사건의 합집합은

각 사건의 확률의 합이 된다.

$$P(A_1 \cup A_2 \cup A_3 \cup \cdots) = \sum_{n=1}^{\infty} P(A_n)$$

안드레이 콜모고로프는 20세기의 위대한 수학자 중 한 명으로, 통계학의 성장에 큰 공헌을 한 수학자이다.

안드레이 콜모고로프

그는 영역을 넓혀 위상수학과 해석학, 수리학 분야도 연구했으며, 1933년 확률론의 기초를 발표했다.

콜모고로프의 공리는 확률의 구구단이라 할 수 있다. 이 법칙으로 인해 적어도 확률이 음수(−)란 빗나가는 화살을 쏘는 이는 없을테니 말이다.

콜모고로프의 통계학은 지금도 사회에 많은 영향을 주고 있으며, 그는 구 소련의 영재교육 육성에도 힘쓴 선구자이다.

콜모고로프의 공리를 살펴보자.

217쪽의 (1)과 (2)는 모든 사건이 0과 1사이에 존재한다. 절대로 일어나지 않는 사건 곧 $P(A)=0$, 반드시 일어나는 사건은 $P(A)=1$이다.

(3)을 증명하기 위해 1, 2, 3, 4, 5의 5개의 숫자가 있을 때를 가지고 두 사건을 만들어 보자.

A_1 : 홀수의 수가 나오는 사건

A_2 : 4 이상의 짝수가 나오는 사건

$A_1 = \{1,\ 3,\ 5\}$이므로 $P(A_1) = \dfrac{3}{5}$이며, $A_2 = \dfrac{1}{5}$이다. 두 사건은 교집합이 없으며 합집합은 $P(A_1 \cup A_2) = \dfrac{3}{5} + \dfrac{1}{5} = \dfrac{4}{5}$이다.

오일러의 공식

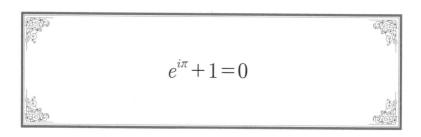

$$e^{i\pi} + 1 = 0$$

수학은 문학적 상상력을 조직화하는 힘이다.

화이트헤드

가장 아름다운 공식을 꼽으라고 한다면 많은 수학자들이 오일러의 공식을 선택할지 모른다.

그 이유는 자연상수 e가 있고, 항등원의 연산에 나타나는 0과 1이 있으며, 원주율 π가 같이 있기 때문이라고 한다.

극한값에서 주목받는 수 중 하나인 오일러의 수 e를 간단히 설명하면 다음과 같다.

오일러

식 $\lim\limits_{x \to \infty}\left(1+\dfrac{1}{x}\right)^{x} = e$ 을 살펴보자. x가 무한으로 갈 때, $\left(1+\dfrac{1}{x}\right)^{x}$ 가 e가 된다는 의미인데, 이를 직접 확인하면 다음과 같다.

x를 1, 10, 100, 1000, 10000, 100000, 1000000씩 10배씩 늘려보자. 표 오른쪽에서 $x=1$을 제외한 $\left(1+\dfrac{1}{x}\right)^{x}$ 의 값은 근삿값이다.

x	$\left(1+\dfrac{1}{x}\right)^{x}$
1	2
10	2.59374
100	2.70481
1000	2.71692
10000	2.71815
100000	2.71827
1000000	2.71828
10000000	2.71828
100000000	2.71828
1000000000	2.71828

10^6(1000000) 이후부터는 2.71828에 수렴하는 것을 알 수 있다. 따라서 그 값이 바로 e가 된다.

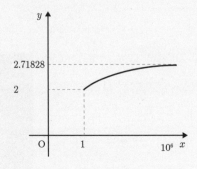

이것이 오일러가 소중히 여기던 e이며 약 2.71828이다.

오일러의 공식을 유도하는 방법은 2가지로 소개된다. 테일러의 급수를 이용했다.

$$i \sin x = \frac{ix}{1!} - \frac{ix^3}{3!} + \frac{ix^5}{5!} - \frac{ix^7}{7!} + \cdots$$

$$\cos x = 1 - \frac{x^2}{2!} + \frac{x^4}{4!} - \frac{x^6}{6!} + \frac{x^8}{8!} - \cdots$$

$$i \sin x + \cos x = 1 + \frac{ix}{1!} - \frac{x^2}{2!} - \frac{ix^3}{3!} + \frac{x^4}{4!} + \frac{ix^5}{5!} - \frac{x^6}{6!} - \frac{ix^7}{7!} + \frac{x^8}{8!} + \cdots$$

$$= e^{ix}$$

위의 식에 $x = \pi$를 대입하면 다음과 같다.

$$e^{i\pi} = i \sin \pi + \cos \pi = -1$$

$$\therefore e^{i\pi} + 1 = 0$$

다른 증명 방법도 있다.

$$e^{ix} = 1 + (ix) + \frac{(ix)^2}{2!} + \frac{(ix)^3}{3!} + \frac{(ix)^4}{4!} + \frac{(ix)^5}{5!} + \frac{(ix)^6}{6!} + \frac{(ix)^7}{7!} + \cdots$$

$$= 1 + ix - \frac{x^2}{2!} - i\frac{x^3}{3!} + \frac{x^4}{4!} + i\frac{x^5}{5!} - \frac{x^6}{6!} - i\frac{x^7}{7!} + \cdots$$

$$= \left(1 - \frac{x^2}{2!} + \frac{x^4}{4!} - \cdots \right) + i\left(x - \frac{x^3}{3!} + \frac{x^5}{5!} - \cdots \right)$$

$$= \cos x + i \sin x$$

위의 식에도 $x = \pi$를 대입하면 $e^{i\pi} + 1 = 0$이 된다.

브라마굽타의 항등식

$$(a^2 + b^2)(c^2 + d^2) = (ac + bd)^2 + (ad - bc)^2$$

$$(a^2 + b^2)(c^2 + d^2) = (ac - bd)^2 + (ad + bc)^2$$

대수학은 글로 쓴 기하학이고 기하학은 그림으로 그린 대수학이다.

제르맹

이 항등식은 인도의 수학자 브
라마굽타의 《우주의 기원》에 실려
있는 공식이다. 더 이전에 디오판
토스의 산수론에 실렸다는 설이 있
으나 정확한 기록은 없는 상태이
다. 그러나 브라마굽타 이전에도 이
러한 수학 공식이 있었음을 감안할
때 조상들은 오래전부터 수의 성질
에 대해 알고 있었음이 틀림없다.

인도의 브라마굽타

이와 비슷한 예로 세 개의 변의 길이로 삼각형의 넓이를 구하는
헤론의 공식이 브라마굽타의 공식으로도 알려져 있다.

브라마굽타의 항등식을 증명해보자.

브라마굽타의 공식을 적용해 3233이라는 수를 살펴보면 53×61로 되어 있다. 53과 61은 디오판토스의 산술에서 이미 소수임을 알렸다.

$$53 \times 61 = (2^2 + 7^2) \times (5^2 + 6^2)$$
$$= (2 \times 5 + 7 \times 6)^2 + (2 \times 6 - 7 \times 5)^2$$
$$= (10 + 42)^2 + (12 - 35)^2$$
$$= 52^2 + 23^2$$

즉 $53 \times 61 = 52^2 + 23^2$으로 3233이므로 같으며, 두 제곱수의 합으로 나타낸다.

두 번째 방법으로 3233을 두 제곱수의 합으로 나타내면 다음과 같다.

$$53 \times 61 = (2^2 + 7^2) \times (5^2 + 6^2)$$
$$= (2 \times 5 - 7 \times 6)^2 + (2 \times 6 + 7 \times 5)^2$$
$$= (10 - 42)^2 + (12 + 35)^2$$
$$= 32^2 + 47^2$$

$$53 \times 61 = 32^2 + 47^2$$

월슨의 정리

소수 p에 대해 $(p-1)! \equiv -1 \pmod{p}$

해석학이란 무한을 주제로 한 교향악이다.

힐베르트

존 윌슨

윌슨의 정리는 10세기의 아랍에서는 이미 알려진 공식이었지만 발견자로 인정받는 것은 에드워드 윌슨이다. 그의 스승인 수학자 에드워드 웨어링$^{Edward\ Waring}$이 1770년에 정식으로 학계에 발표했다.

하지만 두 수학자 모두 증명을 하지는 못했으며 1771년 라그랑주가 첫 증명에 성공했다.

윌슨의 정리는 정수론에 등장하며 합동식과 잉여계, 잉여역수를 알고 있어야만 이해하는 데 어려움이 없다.

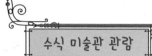
월슨의 정리를 증명하면 다음과 같다.

수학으로 나열해 보면 예를 들어 소수 p를 13이란 임의의 수로 정했을 때, $(13-1)! \equiv -1 \pmod{13}$을 증명하면 된다.

$$1 \times 2 \times 3 \times 4 \times 5 \times 6 \times 7 \times 8 \times 9 \times 10 \times 11 \times 12 \equiv -1$$

모드(mod)는 합동기호로 $\equiv$를 사용한다. 6과 11은 5로 나누면 나머지가 1이다. 이때 $6 \equiv 11 \pmod 5$로 나타낸다. 합동식의 좌변을 보면 1과 12를 제외한 2에서 11의 숫자를 보면 10개라는 것을 알 수 있다. 2부터 11까지 써보자.

$$1 \times 2 \times 3 \times 4 \times 5 \times 6 \times 7 \times 8 \times 9 \times 10 \times 11 \times 12$$

이제 서로 짝을 지어본다. 2와 7, 3과 9, 6과 11, 4와 10, 5와 8을 짝짓는데 여기에는 이유가 있다.

$$2 \times 7 \equiv 1$$

$$3 \times 9 \equiv 1$$

$$6 \times 11 \equiv 1$$

$$4 \times 10 \equiv 1$$

$$5 \times 8 \equiv 1$$

어떠한가? 모드의 값이 전부 1이다. 숫자를 늘려 $(17-1)!$를 구하거나, $(97-1)!$을 구해도 모드값이 서로 짝을 지어 1이 나온다는 것이다. 이것만 알면 $12 \equiv -1$이므로 증명이 된 것이다.

순열과 조합

n개를 일렬로 나열하는 가짓수는 $n!$이다.

서로 다른 n개에서 r개를 택하는 것을
순서대로 나타낸 것을 순열이라 하고,
$_n\mathrm{P}_r$로 나타낸다.

서로 다른 n개에서 r개를 순서를
생각하지 않고 택하는 것을 조합이라 하고,
$_n\mathrm{C}_r$로 나타낸다.

순열과 조합은 인도의 수학자 A. 바스카라가 발견했으며, 경우의 수를 따지는 것을 말한다.

확률과 통계에 꼭 필요하며 개념을 이해하면 흥미진진하지만 이는 반대로 개념을 모른다면 이해가 힘들다는 소리이다.

바스카라의 저서

바스카라는 인도의 대표적인 수학자이자 천문학자이다. 십진법을 체계적으로 사용했으며 천체의 운동, 원주율을 계산하고 부정 2차방정식의 해법을 다루었다. 이러한 내용은 그의 저서인 《시단타 슈로마니[1150년]》《카라나 쿠투하라[1178년]》 중 《시단타 슈로마니》에 담겼다. 그는 자신의 딸을 제자로 삼았다고 한다.

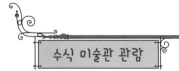

선택할 시간이 부족하다면 모든 것을 접하지 않고도 올바른 선택을 할 수 있는 방법이 없을까? 이런 것을 합리적으로 해결하기 위해 순열과 조합이 탄생했다.

모든 경우의 수를 알면 좋겠지만 너무나 많다면 그것을 다 검토하는 것은 시간 낭비일 수 있다. 이때는 몇 가지의 경우만을 보면서 빠르고도 탁월한 선택을 하는 것이 나을 것이다. 자. 이제 순열과 조합에 대해 알아보자.

빨간 옷을 입은 아이, 노란 옷을 입은 아이, 파란 옷을 입은 아이가 1명씩 전부 3명이 있다. 이 세 명의 아이를 일렬로 세우는 방법은 어떻게 될까?

우선 빨간옷을 입은 아이를 R, 노란옷을 입은 아이를 Y, 파란옷을 입은 아이를 B로 표시하자.

RYB RBY BRY BYR YBR YRB

이젠 더 이상 가능한 가짓수는 없다. 따라서 일렬로 세우는 방법은 모두 6가지가 나왔다. 3×2×1＝6가지가 된다. 이것은 3!로 나타내어 계산한 것이다. !(팩토리얼, Factorial)은 그 수에서 1까지 계속 곱해나가는 것이다. 만약 네 명의 아이가 서로 다른 옷을 입고 나와서 일렬로 줄을 선다면 $4 \times 3 \times 2 \times 1 = 24$가지가 된다. 10명의 아이라면 10부터 1을 차례대로 곱한 것이 된다. 그 수가 클 것이다. 그리고 순열은 순서가 가장 중요한 핵심어가 된다. 반드시 순서가 고려한다는 것을 기억하자.

또한 순열 중에는 P(퍼뮤테이션, Permutation)도 있다.

계산방법은 아래와 같다.

$$_n\mathrm{P}_r = \underbrace{n(n-1)(n-2)(n-3)\cdots(n-r+1)}_{r개}$$

$$(단, 0 < r \leq n)$$

카드 5장이 있다. 이 5장의 카드에 1, 2, 3, 4, 5까지 숫자를 매겨서 두 장을 뽑는 경우의 수를 생각하면 다음과 같다.

(1, 2), (1, 3), (1, 4), …, (3, 5), (4, 5) 등이 있는데, 먼저 뽑는 순서대로 (1, 2)와 (2, 1)는 서로 다르다. 1을 먼저 뽑고 2를 뽑는 것과 2를 뽑고 1을 뽑는 것은 차이가 있다. 순서가 중요하기 때문이다. 이것을 경우의 수로 나타내면 $_5\mathrm{P}_2 = 5 \times 4 = 20$가지가 된다.

이제는 조합을 살펴보자. 순서를 고려하지 않는다면 어떻게
될까?

(1, 2)와 (2, 1)의 카드는 같은 것이 된다. 이때 조합은 C(콤비네이
션, Combination)을 사용해 나타내며, $_5C_2 = \dfrac{5 \times 4}{2!} = \dfrac{5 \times 4}{2 \times 1} = 10$가
지이다.

조금 더 응용해서 7명으로 이루어진 팀에서 팀장 1명과 부팀장
2명을 뽑는다고 하자.

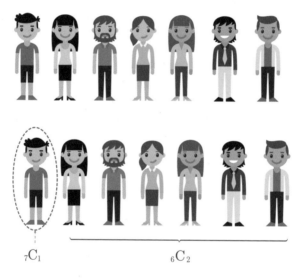

$$_5C_2 = \frac{5 \times 4}{2!} = \frac{5 \times 4}{2 \times 1} = 10$$

이때 가능한 경우의 수는 조합을 이용하여 구하면 $_7C_1 \times {}_6C_2 =$
$7 \times \dfrac{_6P_2}{2!} = 105$가지가 된다. 부팀장은 2명을 뽑으면 되므로 순서를
따지는 순열보다 2로 나눈 결과가 된다는 것을 알 수 있다.

엡실론 델타 논법

임의의 $\epsilon > 0$에 대해,

$0 < |x-a| < \delta$이면

$|f(x)-L| < \epsilon$을 만족하는

δ가 존재하게 된다.

따라서 $\lim\limits_{x \to a} f(x) = L$

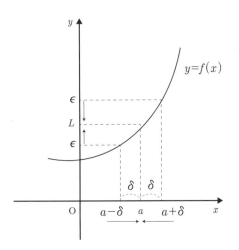

엡실론 델타 논법은 코시가 발표한 공식이다.

미적분에서 극한에 대해 접근할 때 엡실론(ϵ)의 값이 매우 작아져서 0에 가까워지면 델타(δ)값 역시 매우 작아지며 결국은 $f(x)$와 L의 거리가 엡실론보다 작아진다는 의미이다. 따라서 엡실론이 델타에 큰 영향을 준다는 것을 알 수 있다.

$\lim\limits_{x \to 2} 3x + 1 = 7$을 수치로 증명하면

$$|f(x) - 7| = |3x + 1 - 7| < \epsilon$$

$$= |3x - 6| < \epsilon$$

$$= 3|x - 2| < \epsilon$$

$$= |x - 2| < \frac{\epsilon}{3}$$

$|x - 2| < \delta$이므로 $\delta = \frac{\epsilon}{3}$일 때 성립이 되므로 증명된다.

이 증명으로 극한값에 관한 기본성질이 발견되었다.

다음은 증명에 대한 극한값의 기본성질이다.

$\lim\limits_{x \to a} f(x) = M,\ \lim\limits_{x \to a} g(x) = N$으로 하면

(1) k는 상수일 때, $= \lim\limits_{x \to a} kf(x) = kM$

(2) $\lim\limits_{x \to a} \{ f(x) \pm g(x) \} = M \pm N$

(3) $\lim\limits_{x \to a} \{ f(x)g(x) \} = MN$

(4) $\lim\limits_{x \to a} \dfrac{f(x)}{g(x)} = \dfrac{M}{N}$ (단, N은 0이 아니다)

(5) $f(x) < g(x)$이면 $M \leq N$

벡터의 내적와 외적

두 벡터 $\vec{a}$, $\vec{b}$ 가 이루는

각의 크기를 θ로 할 때,

내적은 $\vec{a} \cdot \vec{b} = |\vec{a}||\vec{b}|\cos\theta$,

외적은 $\vec{a} \times \vec{b} = |a||b|\sin\theta$

사이먼 스테빈

벡터를 처음 발견한 수학자는 사이먼 스테빈으로, 벡터의 발전은 유럽 항해술의 발달이 영향을 주었다.

스테빈은 벨기에의 상점 지배인으로 일하다가 네덜란드 군대의 경리 장교로 복무하게 되면서 수학의 합리적인 계산 방법을 연구하게 되었다.

벡터는 우리 주변에서 흔히 볼 수 있는 수학 분야이다. 헬스장의 근력 운동 기구는 내가 가진 힘의 방향과 크기를 물리적으로 측정할 수 있게 해주므로 벡터의 예가 된다. 역사극이나 중세 전투 영화에서 보게 되는 활 쏘는 장면이나 바다를 가르는 배의 항해에도 벡터가 이용된다.

물리에서는 자기장과 대기의 풍력을 측정할 때 쓰이며 특히 증기 기관의 엔진에서는 정확한 벡터의 수치가 필요하다. 산업화와 기계화가 이루어지면서 정확한 수학적 계산과 설계를 필요로 하기 때문에 벡터의 중요성을 커졌다. 효율성과 생산성을 높이기 위해 벡터의 최적 설계가 필요한 것이다. 그리고 4차 산업혁명이 이루어지고 있는 현대사회에서 벡터의 필요성은 더욱 커져만 가고 있다.

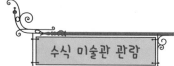
벡터의 외적과 내적의 기본이 되는 부분을 살펴보자.

점 O에서 사잇각 θ를 두고 직선 OA와 직선 OB를 그어보자.

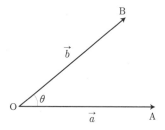

직선 OA의 방향을 $\vec{a}$, 직선 OB를 $\vec{b}$ 라 한다.

여기에 점 b에서 OA로 수직으로 선을 그으면 $\overline{OH} = |\vec{b}|\cos\theta$가 된다.

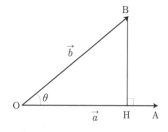

따라서 $\vec{a} \cdot \vec{b} = |\vec{a}||\underbrace{\vec{b}|\cos\theta}_{\overline{OH}\text{의 길이}}$

벡터의 내적이란 '한 벡터의 길이×정사영시킨 벡터의 길이'로 스카라곱을 한 것이다. 벡터의 내적은 성분들의 곱으로도 계산이 가능하다.

즉 $\vec{a}=(x_1, y_1)$, $\vec{b}=(x_2, y_2)$일 때 $\vec{a} \cdot \vec{b}=(x_1 x_2, y_2 y_2)$로 계산하는 것이다.

벡터의 내적은 크기만을 나타낸다. 크기와 방향이 모두 나오면 외적인데, 공간 좌표에서 구할 수 있다. 외적은 $\vec{a}$와 $\vec{b}$에 수직을 이루는 직선을 나타내며 방향도 같이 나타낸다. $\vec{a} \times \vec{b}$는 위로 향한 직선을 $\vec{b} \times \vec{a}$는 아래로 향한 직선을 나타낸다.

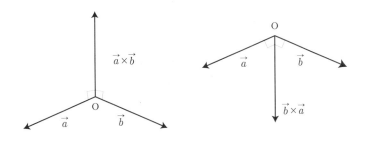

외적의 성분이 알려지면 다음과 같이 계산할 수 있다.

$$\vec{a} \times \vec{b}=\begin{vmatrix} x_2 & x_3 & x_1 & x_2 \\ y_2 & y_3 & y_1 & y_2 \end{vmatrix}$$

$$=(x_2 y_3 - x_3 y_2, \ x_3 y_1 - x_1 y_3, \ x_1 y_2 - x_2 y_1)$$

데데킨트의 절단

연속성의 하나로

수많은 유리수 사이를 자르면

무리수가 존재한다.

독일 출신의 리하르트 데데킨트는 가우스의 제자이며 해석학과 수론에 대해 연구한 수학자이다.

저서로는 《연속과 무리수》가 있으며 절단 개념을 도입해 연속성을 규정하고 무리수의 개념을 명확히 해 해석학의 기초 수립을 도왔다.

데데킨트

데데킨트의 절단은 수의 체계에서 실수는 유리수와 무리수로 구성되어 있다는 것을 명백히 입증한 증명이다.

데데킨트의 업적 중 하나인 데데킨트의 절단을 보기로 하자.

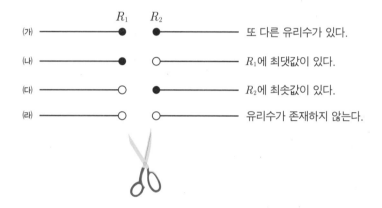

(가), (나), (다), (라)의 네 가지 경우처럼 R_1과 R_2($R_1 \subset R_2$)가 있다. 이 때 R은 최소한 유리수를 한 개 이상 가지는 집합으로 생각한다. 너무 복잡하면 한 개라고 생각한다.

가위로 실을 잘라보자. 이때 (가)는 이미 두 개의 유리수가 있는데, 잘라도 또 하나의 유리수가 있는 것이다. (나)는 R_1에 최댓값이, (다)는 R_2에 최솟값이 있다. 이때 최솟값과 최댓값은 유리수이다. 그리고 마지막 (라)는 R_1과 R_2에 유리수가 없으며 잘라도 유리수가 없으므로 이 빈자리를 무리수로 한다.

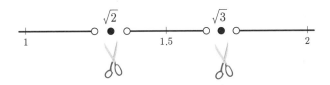

   1과 2 사이에는 $\sqrt{2}$ (약 1.414)와 $\sqrt{3}$ (약 1.732)인 두 개의 무리수가 있다. 1과 2 사이의 수많은 유리수에 무리수가 존재하는 것이다. 물론 대표적인 무리수를 표기한 것일뿐 $\sqrt{2}+\dfrac{1}{2}$, $\pi-2$, $\sqrt{5}-1$, … 등 다른 무리수도 있다.

   마지막으로 칸토어와 데데킨트가 이해했지만 많은 수학자들이 처음에는 믿지 않았던 명제가 있다.

   '실수에 존재하는 무리수가 유리수보다 더 많다.'

   이는 그만큼 무리수가 유리수보다 더 많다는 의미이다.

베르누이 부등식

x를 양의 실수,

n을 1보다 큰 정수로 하면

$x^n \geq n(x-1)+1$이 성립한다.

부등식과 미적분에서도 증명할 때 많이 사용하는 베르누이의 부등식은 $x^n-1=(x-1)(x^{n-1}+x^{n-2}+x^{n-3}+\cdots+x^2+x+1)$로 인수분해가 된다. n에 4를 대입하면 성립한다는 것을 알 수 있다.

$x^4-1=(x-1)(x^3+x^2+x+1)$, 여러분이 n을 무한히 큰 수로 대입해도 $(x-1)$을 인수로 가지는 식으로 나타낼 수 있다.

그러면 $(x-1)$을 $x>1$일 때와 $x=1$, $0<x<1$일 때의 세 가지로 나누어 보자.

(1) $x>1$일 때

$$x^n-1=(x-1)(x^{n-1}+x^{n-2}+x^{n-3}+\cdots+x^2+x+1)$$

$x>1$이므로
부등호의 방향은
바뀌지 않는다.

x에 1대입

$$>(x-1)(1+1+1+\cdots+1+1+1)$$

$$=n(x-1)$$

(2) $x=1$일 때

$x^n-1=n(x-1)$에서 $x=1$을 대입하면 양변이 0이 되어 등호는 성립한다.

(3) $0 < x < 1$일 때

$$x^n - 1 = (x-1)(x^{n-1} + x^{n-2} + x^{n-3} + \cdots + x^2 + x + 1)$$

$x<1$이므로
부등호의 방향이
바뀔 수 있다.

x에 1을 대입하면
부등호의 방향이
바뀔 수 있다.

$$> (x-1)(1+1+1+\cdots+1+1+1)$$

$\ominus$ $\ominus$

$$= n(x-1)$$

결국 $(x-1)$은 음수이고, $(x^{n-1} + x^{n-2} + x^{n-3} + \cdots + x^2 + x + 1)$도 음수가 되므로 부호는 바뀌지 않게 된다

따라서 정리하면 다음과 같다.

$$x^n - 1 = (x-1)(x^{n-1} + x^{n-2} + x^{n-3} + \cdots + x^2 + x + 1) \geq n(x-1)$$

라미의 정리

한 점에 작용하는

세 힘의 평형에 관한 정리를 말한다.

$$\frac{\vec{F_1}}{\sin\alpha} = \frac{\vec{F_2}}{\sin\beta} = \frac{\vec{F_3}}{\sin\gamma},$$

이때 $\vec{F_1} + \vec{F_2} + \vec{F_3} = 0$ 이다.

벡터의 선분을 이동하여 하나의 삼각형을 만들어 사인법칙으로
부터 하나의 벡터 공식을 산출해낸 것이 라미의 정리이다.

세 개의 힘을 서로 다른 방향으로 당기면 줄이 팽팽해지면서 더
이상 움직이지 않을 때가 있다.

한 물체에 3개의 힘이 동시에 작용할 때 힘의 평형을 이루게 되
면 그 물체는 움직이지 않는다. 이를 시각화시키면 아래 그림과
같다.

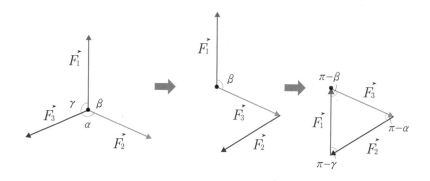

이는 사인법칙에 의해 다음과 같이 정리된다.

$$\frac{\vec{F_1}}{\sin(\pi-\alpha)} = \frac{\vec{F_2}}{\sin(\pi-\beta)} = \frac{\vec{F_3}}{\sin(\pi-\gamma)} = \frac{\vec{F_1}}{\sin\alpha} = \frac{\vec{F_2}}{\sin\beta} = \frac{\vec{F_3}}{\sin\gamma}$$

찾아보기

이미지 저작권